Навігатор ≪Зроблено в Україні≫　Guide For Made in Ukraine

ウクライナ製品
完全ガイド

善意から物欲へ　　ウクライナ応援団Vol.1

Yuma Tanaka
田中祐真

まえがき

　2022年2月24日にロシアの全面侵攻を受けた東欧の大きな国ウクライナは日本でも一躍注目を集め始めました。しかし、多くの日本人にとってのウクライナは未だに「ニュースで見る遠い国」なのではないでしょうか。青と黄色の美しい国旗やボルシチは知っていても、戦争の恐ろしく、悲しいイメージが先に立ってしまい、そこで人々が実際にどんな日常生活を送っているのか、日々どのようなものを使って、食べているのか、お店ではどんなものが売られているのか、ということまで知っている日本人は実はごく少ないのだろうと思います。

　ロシアの全面侵攻当初から、日本は岸田文雄内閣総理大臣（当時）を筆頭に国家を挙げてウクライナへの支援を開始しました。また非常に多くの国民がウクライナに同情し、共感し、応援を続けています。駐日ウクライナ大使館やNGOなどを通じて寄付をした方もいらっしゃるのではないでしょうか。しかし、「かわいそうな被害国や人々に施しをしてやる」という一方的なフェーズはもう終わりを迎えつつあります。戦中から各国の支援の下で戦後を見越した国内の復旧・復興を進めてきたウクライナとの間では、今後は日本から何かを与えるだけではなく、それと同時に日本に無い経験・知見、モノ、技術をウクライナから学び、手に入れるという対等なパートナーとしての関係が始まるのです。その大きな一角を支えるのが経済、ビジネス、そして個人レベルでの経済活動・交流でしょう。つまり、消費者レベルではこれからはウクライナの製品を「応援のために買う」のではなく「ほしいから買う」という当たり前のことが当たり前に行われることを目指すのが日・ウクライナ関係にとって重要な要素となってくるであろうと見込まれます。

　他方で、ウクライナへの関心が高まる中で新たに日本に進出・展開したウクライナのメーカーや製品もありますが、まだまだ気軽に手に入るものが少なかったり、そもそもあまり存在を知られていないものが多くあるのが現状です。そして何より、これらのメーカーや製品ですら数あるウクライナ製品の中のほんのごく一部にも満たないのです。

　都市部には外国の企業やブランドの店舗も多く見られ、また農業国のイメージが強いウクライナですが、実は農産品や食品など以外にも多くのメイド・イン・ウクライナ製品が作られ、国内はもちろんヨーロッパをはじめとする世界各国に輸出されています。旧ソ連時代や場合によっては近世ごろから、ときには形を変えながら続いている企業がある中、1991年の独立後、特に2000年代からは個人ビジネスやITを中心としたスタートアップとして始まり、製品の質の高さやユニークさで人気を集め成功を収めている企業やメーカーもどんどん増えています。2014年にロシアの侵略が始まって以降（ウクライナではロシアの侵略、つまりロシアからの防衛戦争はクリミア侵攻のあった2014年から10年以上にわたって続いていると考えます。2022年2月以降の戦いはロシアの「全面侵攻」や「全面戦争」と呼ばれます）は、生活の基盤と拠点を失って国内の他地域に移住した人々などがInstagramやFacebookといったインターネット上のプラットフォームを大いに活用して自作の製品を販売し、人気を得てビジネス化しているケースも多く見られます。その品質やデザインは日本や他の主要先進国メーカーの製品に劣るものでは決してありません。

　そんなウクライナ製品をもっと多くの日本人に知ってもらいたい！という思いで書かれた

のがこの『ウクライナ製品完全ガイド』です。また、個人レベルを含む日・ウクライナの互恵的な関係の発展に少しでも貢献したいという想いから、手放しでウクライナを応援している者を揶揄するワードである「ウクライナ応援団」を敢えてシリーズ名として採用しています。その第一弾となる本書では、筆者の独断と偏見に基づいて純粋に「これほしい！」と思えるような製品・ブランドを選び出し、「ガジェット・ホビー」「アプリ・ソフトウェア」「アクセサリー・小物」「アパレル」「家具」「フード」「ドリンク」それから「日本では買えないもの」の８つのカテゴリーに分けて紹介します。

　この本を手に取ってくれた方が、こんなものがあるのか、こんなものまで作っているのか、という新たな発見を得て「ほしい！」と思ってくださればうれしいです。逆に本書を読んで「今使っているこれ、ウクライナのものだったのか！」という驚きを感じていただける場合もあるのではないかと期待しています。さらにウクライナの製品を少しご存じの方でも「この製品／企業／ブランドにはこういう歴史や経緯があったのか」と興味を深めていただけるのではないかと思います。

　日本から直接購入できないものも多く含まれていますが、「ほしい！」と思ってくれる人が増えれば増えるほど、将来的に日本でも手に入る可能性が大きくなるはずです。本書がなんらかのきっかけとなって、ウクライナ製品の日本への輸入を検討したり新たなビジネスを始めたりしてくれる企業や個人事業主さんが増えてくれたなら、これ以上の喜びはありません。

　どんな分野や領域においてもまず重要なのは「知る」ことでしょう。ウクライナに興味がある人もそうでない人も、本書の中に興味を惹かれる魅力的な製品が必ず見つかるはずです。その小さな興味からウクライナという国を少しでもより深く知ってくれる人が増えることを願っています。

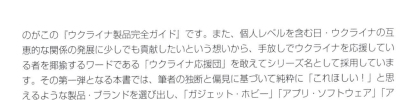

目次

2 ………… まえがき
4 ………… 地図
6 ………… 目次

9 …… 第1章　ガジェット・ホビー

- 10 ……… **UGEARS**　世界で愛されるハイクオリティ木製キット
- 12 ……… **ICM Holding**　細かに情景を演出するプラモデル
- 13 ……… **Savchenko Workshop**　多種多様なナイフを扱う個人工房
- 14 ……… **KUROBA KNIFE**　日本の包丁をリスペクト
- 15 ……… **BaseCamp**　森や川の豊かなウクライナでのキャンプに
- 16 ……… **Atom Military**　ウクライナ軍御用達の電動バイク
- 17 ……… **LUAZ City**　ベストセラー車をEVで復活？
- 18 ……… **MoveOne**　大型タイヤでウクライナ初の電動スクーター
- 19 ……… **Verum 2**　期待のオーディオファン向けヘッドホン
- 20 ……… **MAD24-U**　ドライバー24基のハイエンドイヤホン
- 21 ……… **ergo**　低価格高品質のウクライナ国産スマートTV
- 22 ……… **AJAX**　信頼性の高い統合セキュリティシステム
- 23 ……… **ASGARD**　IT先進国のBOTゲーミングPC
- 24 ……… **GLOBEX**　ドライバーの必需品
- 25 ……… **Petcube**　ペットとのコミュニケーションを助ける
- 26 ……… **コラム1　Made in Ukraine**

27 … 第2章　アプリ・ソフトウェア

- 28 ……… **Grammarly**　高精度な英語校正サービス
- 30 ……… **Reface**　有名人にもなりきれる顔入れ替えアプリ
- 31 ……… **Jooble**　世界で最も使われる求人サービスの一角
- 32 ……… **Depositphotos**　世界最大級のストックフォト・サービス
- 33 ……… **Preply**　言語を学び教えるプラットフォーム
- 34 ……… **Documents**　iOSユーザーなら必ず入れたい便利アプリ
- 35 ……… **CleanMyMac**　Mac向けオールインワンお掃除ソフト
- 36 ……… **S.T.A.L.K.E.R. 2: Heart of Chornobyl**　もはや説明不要の大人気FPSゲーム最新作
- 38 ……… **Metro Exodus**　ロシアの人気小説を基にしたFPS

39 ……… **Sherlock Holmes The Awakened**　シャーロック・ホームズ×クトゥルフ神話
40 ……… **Men of War**　思わず熱中するリアルタイムストラテジー
41 ……… **Brichi Quest**　開発者の今後が期待されるインディーゲーム
42 ……… **コラム 2　ウクライナの物価**

43 … 3 章　アクセサリー・小物

44 ……… **Mastak**　クラシックかつモダンなレザーバッグ
45 ……… **LONA PRIST**　アヴァンギャルドな「触れるアート」
46 ……… **JUNA**　戦時下に生まれた明るい色彩のハンドバッグ
47 ……… **POELLE**　使うごとに洗練されていくエレガントさ
48 ……… **NÚKOT**　2000 年代のトレンドを再解釈
49 ……… **B33**　ブチャの復興に貢献するレザーバッグ
50 ……… **Horondi**　前科アリ元ホームレスのお手製リュック
52 ……… **GUD**　耐久性抜群のシティバックパック
53 ……… **Bagland**　大人用から子供向けまで 3 д揃ったリュック
54 ……… **Guzema Jewelry**　急成長を遂げたセレブ愛用のブランド
56 ……… **Alona Makukh Jewelry**　大粒の原石のインパクトは大
57 ……… **INDIRA**　アジアン過ぎないオシャレなインドアクセ
58 ……… **Titowa Jewellery**　メッセージのこもった愛国的アクセサリー
59 ……… **ヤンタール・ポリーシャ**　リーウネ産琥珀で作られるアート
60 ……… **KLEYNOD**　ウクライナを代表する腕時計ブランド
61 ……… **Nixoid LAB**　真空管を使ったレトロ×近未来ウォッチ
62 ……… **Kristan Time**　GOT やバイキングの世界観をその腕に
63 ……… **andywatch**　自分スタイルの時計が必ず見つかる
64 ……… **KLAMRA**　古代から受け継がれるフツルの工芸
65 ……… **LUY**　自然と一体になれるレザーブレスレット
66 ……… **Mastak**　便利でコンパクトなレザー小物の数々
67 ……… **POELLE**　メンズ向けレザーアクセサリーが充実
68 ……… **Boorbon**　小物がたくさんのハンドメイドレザー
69 ……… **Couture Parfum**　お手頃価格でユニークなフレグランスを
70 ……… **Trip:Tych**　自然にインスパイアされた香水ブランド
71 ……… **コラム 3　ウクライナ語とロシア語**

73 … 第 4 章　アパレル

74 ……… **Varenyky Fashion**　日常的に着られるファッショナブルな伝統衣装
76 ……… **Gaptuvalnya**　自分の道を拓くユニークなヴィシヴァンカ

77	Etnodim	自由な気風から生まれた現代ヴィシヴァンカ
78	Svarga	「エセ伝統」を許さない愛国ブランド
79	Aviatsiya Halychyny	肩の後ろに翼を感じる人のために
80	JASMINE	国内外で展開する有名下着ブランド
82	Pantiesbox	ショーツに特化したオンラインショップ
83	brabrabra	すべての女性に快適な着用感を提供
84	U-R-SO	なりたい自分を助けるミニマリストブランド
85	ZHILYOVA	世界を魅了するデザインのランジェリー
86	DARI CO	最新トレンドの若者向けブランド
87	SCOWTH	カラフルなスポーティアンダーウェア
88	Kachorovska	家族経営で始まったウクライナ版 PRADA
89	Maletskiy	サッカー少年が立ち上げた靴ブランド
90	Artell	人気を集める「自分が履きたいもの」
91	Celestial	近未来的なエコシューズ
92	ミリタルカ	本格的軍用ブーツをレジャーの実用品に
93	YaVereta	伝統を取り入れたワンポイント・アイテム
94	Dodo Socks	日本でも展開！鮮やかで温かな靴下
96	SKIPPER	ウクライナを代表するお手頃ベルトメーカー
97	POHUY	放送禁止用語が表す強いメッセージ
98	RITO	ザルジニーリスペクトの愛国ニットスカーフ
99	CRAVATTA	おしゃれでカッコいいレディースネクタイ
100	Etno Moda	ぜひとも手に入れたい刺繍入りネクタイ
101	コラム5	ウクライナの愛国グッズたち
102	コラム6	ウクライナのお土産・工芸品

103 第5章　家具

104	+kouple	デザイン性の高い照明特化のインテリア
106	DROMMEL	余分を廃したスカンジナヴィア家具
107	WOODWERK	木製家具こそ「本物の家具」
108	Levantin design	前衛芸術の要素を持つデザイナーズ家具
109	KONONENKO ID	既存の枠組みに収まらない独自の世界観
110	コラム7	意外と輸入されているウクライナのモノ

111 第6章　フード

112	サーロ	コサックから受け継がれる伝統料理の代表格
114	ソーセージ（ソスィスキ）	毎日の食卓に登場するソーセージ

115……… **ボイル・ソーセージ**　ソ連で生まれた今でも親しまれるソーセージ
116……… **ボイルスモーク・ソーセージ**　おやつや前菜にピッタリのマイルドな味わい
117……… **セミスモーク・ソーセージ**　歴史あるスモーキーな半燻製肉
118……… **ドライスモーク・ソーセージ**　固く強い味わいはやみつき
119……… **ドライ・ソーセージ**　癖はあるが旨い！まさに珍味
120……… **トゥションカ**　軍用から民用に普及したお手軽肉缶
121……… **Manor of the Blonsky family**　国内避難民が生み出したオリジナルチーズ
122……… **Dooobra Ferma**　ジョーク好きな職人のドーーーブレなチーズ
123……… **セリシカ・スィロヴァルニャ**　スイスに学んだクラフト・チーズの先駆け
124……… **きゅうりのピクルス（塩漬け）**　スラヴ伝統のキュウリのピクルス
125……… **きゅうりのピクルス（酢漬け）**　おやつや料理に欠かせない
126……… **野菜のイクラ**　「イクラ」は魚卵のみにあらず
127……… **ボルシチのもと**　ウクライナ料理のシンボルをお手軽に
128……… **ヘルソン風ソース**　トマト一大産地ヘルソンの心
129……… **シャシリク用ケチャップ**　旧ソ連人とのバーベキューには必携
130……… **スパイスソース**　様々な料理に色とりどりの味付けを
131……… **Mr. Caramba**　ファミリーメイドのクラフトソース
132……… **BEEHIVE**　最新技術で生産される高品質ハチミツ
134……… **Mel Apis**　輸出に特化した４つのハチミツ
135……… **メド・カルパート**　滋養たっぷりのカルパチア・ハニー
136……… **フロント・メド**　退役軍人立ち上げブランドの味付けハチミツ
137……… **Bee Lab**　古くから食べられる自然由来の健康食品
138……… **ROSHEN**　国際的一大スイーツ・メーカー
140……… **リヴィウ・ハンドメイド・チョコレート**　チョコレートの都リヴィウの「良き甘味」
141……… **13beans**　男たちの生み出すユニークな手作りチョコ
142……… **Svitoch**　密輸してでも食べたい老舗のチョコ

143… 第7章　ドリンク

144……… **ピヤナ・ヴィシュニャ**　西ウクライナ伝統酒のリバイバル
146……… **チザイ　トロヤンダ・カルパート**　カルパチア山脈が育んだデザートワイン
148……… **チザイ　フルミント**　「チザイ」を代表するドライ白ワイン
149……… **チザイ　カルパチアン・ゼクト**　カルパチア伝統のスパークリングワイン
150……… **トラミネール・オランジュ**　伝説のテニス選手が作るオレンジワイン
151……… **ビオロジスト　イントリガ**　バイオ・ダイナミック農法によるエコワイン
152……… **ギギ　ルカツィテリ**　ジョージア生まれウクライナ育ちの白ワイン
153……… **アルタニア　赤**　潮風と太陽が育てたマニアックな逸品
154……… **サタデー・ドリーム　2021　マグナム　バリック**　情熱が生んだクラフト赤ワイン
155……… **チェリー・ナリウカ**　ワイナリー・メイドのナリウカ

- 156……… **ナリウカ**　ハリチナ地方に受け継がれるリキュール
- 157……… **ミクリン・ウイスキー**　歴史ある酒造所の秘蔵ウイスキー
- 158……… **コニャック「チャイカ」**　ウクライナ最高と名高いコニャック
- 159……… **ブランデー「カルパーティ」**　香り豊かなウジュホロドのブランデー
- 160……… **ホルティツャ**　世界で知られるウクライナ・ウォッカの代表
- 162……… **フリブヌィ・ダル**　天然水仕込みの「パンの贈り物」
- 163……… **コザツィカ・ラーダ**　現代に生きるコサックの魂
- 164……… **ロハン**　井戸水で造られた飲みやすいビール
- 165……… **オボロン**　ウクライナ最大のビールブランド
- 166……… **チェルニヒウシケ**　チェルニヒウ伝統のモルトの旨味
- 167……… **リヴィウシケ**　ギネスを凌ぐその歴史
- 168……… **ミクリン・ビール**　500年以上受け継がれる貴族御用達
- 169……… **ベルディチウシケ**　清らかな水で仕込まれた保存料不使用ビール
- 170……… **クワス・タラス**　慣れるとやみつきの伝統飲料
- 171……… **ジフチク**　一世代を育てた国民的ドリンク
- 172……… **ブルー・ティー**　色彩変化美しいフラワーティー
- 173……… **そば茶**　ウクライナ人注目の健康茶
- 174……… **カルパチア・ティー**　カルパチアの自然を感じる手軽なブランド
- 175……… **コラム11**　ウクライナ軍とミリメシ

177… 第8章　日本では買えないもの

- 178……… **An-225「ムリーヤ」**　多くの人を救った「夢」の飛行機
- 180……… **A-22L**　アントーノフの技師が作る個人用軽量機
- 181……… **Diamond Hill**　キーウ最高額のセレブ物件
- 182……… **ウクライナ国家栄典**　ウクライナでの功績を称える
- 183……… **Zbroyar Z-008 カービン**　ウクライナ産高精度ライフル
- 184……… **ヴォロダル・オブリーユ**　世界記録を打ち立てた「地平線の支配者」
- 185……… **ZBROIA**　広く普及している競技・狩猟用空気銃
- 186……… **保護動物**　ウクライナの自然を象徴する生き物たち
- 188……… **コラム8**　ウクライナ製品はどこで買える？

- 190……… 参考文献
- 191……… あとがき

第 1 章

ガジェット・ホビー

農業国として一般に知られるウクライナだが、歴史的に重工業も盛んだ。また更に古くは商業で繁栄した文化の交差点であったこともあり職人文化も生きている。つまり、機械や電子機器のほかに手工業品も多くある、実は「ものづくり」にも長けた国なのだ。まず最初となる本章では、思わず買いたくなってしまいそうな高精度高品質の趣味の品や、日常で使える実用的なガジェットを紹介していきたい。

世界で愛されるハイクオリティ木製キット

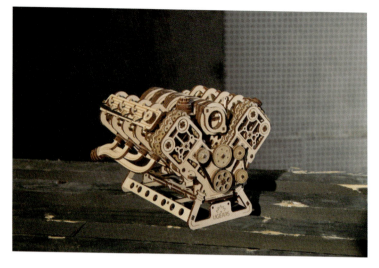

UGEARS

🅐 3D pazl　🅚 3D パズル　🅤 3D пазл
📍 キーウ市
💰 250 〜　🌐 https://ugears.ua/　🔗 https://ugears.ua/mechanical-3d-puzzles/
🔗 https://ugearsmodels.jp/product-category/ 全てのモデル /

　接着剤なしで組み立てられる UGEARS の木製キットは、完成後に飾って眺めるだけでなく、細かく作り込まれた可動部分を動かして楽しむことができるものもある。恐竜、建造物、ロケット、自動車、飛行機といった定番の模型はもちろん、エンジンやバリスタ（大型弩砲）のような歯車による駆動・作動の仕方自体を楽しめるもの、時計、秘密箱やキルビメーター（曲線計）といった実用的なものまで揃っており、カタログを見るだけで思わず好奇心をくすぐられワクワクしてしまうこと間違いなしだ。また、対ロシア戦争で活躍するドローン「バイラクタル TB2」や「キーウの幽霊」など、ほかでは見られないウクライナならではのモデルがラインナップにあることも魅力である。なお、一部の新しいモデルは USB による給電で動作する。

　多くは合板そのまま塗装のほぼされていない部品から作るモデルだが、部品数が少なく自分で色を塗ることを前提としたものもあり、小さな子どもの知育玩具として一緒に作品作りを楽しむこともできる。また、各モデルの組立難易度はイージー（легкий）、ミディアム（середній）、ハード（підвищений）の三段階で設定されており（日本語版サイトでは不記

第 1 章

合板製ながら非常に緻密な作り

モデルによっては複雑だが、プラモデルのように作りやすくなっている

対露戦争で活躍するドローン「バイラクタル」のキット

子ども向けの色塗りモデル

載)、組立所要時間の目安も記載されているため、自分や子どもなどに購入する際の参考になる。説明書は組立手順が図で分かりやすく示されているほか、注意点などはなんと日本語を含む多言語で記載されており、不便はない。

UGEARS社はキーウ郊外に工場を構える2014年創立のスタートアップ企業。ウクライナのスタートアップ向けマッチング・プラットフォームであるStartup.uaを通じて、合板製の、キットとしても土産品としても通用する組立式の小箱が紹介されたことから始まった。マッチング後にレーザー切断機を購入し120点の模型を作成してオデーサでの展示会に臨んだ創立メンバーらであったが、4日間の期間のうちなんと2日半で完売、後半2日間の来訪者からは「もっと買わせてくれ」との要望が殺到したという。そのクオリティの高い製品は後に世界的な好評を得、これまでに日本を含む5大陸80か国以上で展開されている。大人の趣味としてや子どもへのプレゼントとして、またお洒落なインテリアとしてぜひとも購入を検討してみてはいかがだろうか。

細かに情景を演出するプラモデル

ICM Holding

A Zbirni modeli **K** プラモデル **U** Збірні моделі
O キーウ市
₴ 349〜 **🌐** https://icm.com.ua/ua/ **🛒** https://www.modeli.com.ua/ua/search.php?subcategories_id=7&manufacturers_id=111
🌐 http://www.hasegawa-model.co.jp/item/import/icm/

　ウクライナ企業の中には、日本でも特定の界隈で以前から知られるものがある。プラモデル・メーカーはその代表的なものだろう。ACE、UM、MiniArt、ModelSvit、Amodel などなど多数のメーカーがあるが、ここでは ICM ホールディングを紹介する。

　同社は 150 種以上の製品を世界各国に輸出しており、国外での根強い人気の秘密には他国のメーカーが作っていないニッチでユニークな兵器などを取り扱っている点、そして情景を再現したジオラマ作りに役立つフィギュアを多く取り扱っている点が挙げられるだろう。ロシアの全面侵攻開始後に活躍するウクライナ軍採用型の Leopard 2A6 や緒戦で名を残したエースパイロット「キーウの亡霊」モデルの MiG-29 もある。フィギュアも幅が広く、第二次大戦時の英軍将校や日本軍パイロット、従軍司祭、独軍衛生兵といったものから、現代の SWAT や英国などの近衛兵、ウクライナ軍の女性兵士や地雷探知部隊、従軍記者、またなぜかイカゲームの兵士まで取り扱っている。日本ではプラモデルメーカーのハセガワが輸入代理店だ。他のメーカーも日本で取り扱いがある場合があるので、ぜひとも検索してみていただきたい。

多種多様なナイフを扱う個人工房

Savchenko Workshop

🅐 Nizh 🅚 ナイフ 🅤 Ніж
📍 キーウ市

💰 4490〜 🌐 https://www.facebook.com/savchenkoworkshop/
📄 https://www.nozhemaniia.com.ua/savchenko-workshop/

　アウトドアの盛んなウクライナでは料理以外でナイフを使う機会も日本より多い。近年ではInstagramやFacebookなどのSNSを活動の舞台として高品質かつユニークなナイフを世に送る職人も多いが、Savchenko workshopのブランド名で2015年以来数々のナイフを生み出しているセルギー・サフチェンコもその一人だ。実用性の高いナイフの刀身は非常に美しく堅牢で、キャンプナイフやスキナーナイフ、プーッコナイフ（フィンランドの伝統ナイフ）、クッキングナイフなど刃の形もグリップの形状・材質・色もバリエーション豊か。実用に耐えつつも装飾性の高いナイフもあり、ダマスカス刃を始めとする模様入りの刀身を持つものやカーキ色のマット調の鋼を使ったもの、創作物に出てきそうな稲妻状の刃を持つものなど様々だ。日本風の刀子も多く手掛けているようで、柄に日本刀風に布を巻いただけの「タンジュン」や刀身に銅の入ったダマスカス刃で装飾性の高い「タケダ」、鍔や切羽もつけ、より日本刀風でありながら現代的なデザインの直刃を持つ「ミドリ」と「ハルサキ」などなど、日本へのリスペクトが感じられる。

ガジェット・ホビー

日本の包丁をリスペクト

KUROBA KNIFE

🇦 Nizh　🇰 ナイフ　🇺 Hiж
📍 ハルキウ市
💰 2250～　🌐 https://www.facebook.com/KurobaKnife/
🛒 https://www.nozhemaniia.com.ua/kuroba-knife/

　Kuroba Knife もその名前から分かるとおり日本の刃物製品をリスペクトした工房だ。キッチンナイフをはじめとして、ほかにタクティカルナイフやキャンプ用のカスタムナイフ、斧を手作りしている。キッチンナイフの多くは平の部分に垂直方向の槌目が入ったデザインが特徴的で、ステンレス製で耐久性と切れ味が長持ちし、肉や野菜、ハーブなど切るものを選ばず、人間工学に基づいた柄により調理中の快適さと正確さが保証されており、プロ・アマを問わず使用できる品質だ。Kuroba Knife の製品はすべて焼入れ後に液体窒素で深冷処理（サブゼロ処理）が施されており、鋼の組織を安定させることで経年による劣化が防がれている。現代日本の家庭で最も一般的な包丁である三徳包丁は、実は伝統的な菜切包丁や出刃包丁と西洋の牛刀を組み合わせた日本発祥の形状であるが、Kuroba Knife ではこれも取り扱っており、ウクライナの伝統的な刺繍模様が入ったものもある。このほかにも菜切包丁、出刃包丁、柳刃など、日本の伝統的な包丁も多数取り扱っている点には日本の刃物製品への理解と強いリスペクトがあるのが見て取れる。

森や川の豊かなウクライナでのキャンプに

BaseCamp

🅰 Sporiadzhennia dlia turyzmu ta kempingu　🅺 アウトドア用品
🆄 Спорядження для туризму та кемпінгу
🅾 ドニプロ市
🅴 色々　🌐 https://basecamp.net.ua/　🛒 https://basecamp.net.ua/hrilky/

　ウクライナ発のアウトドア・ブランド BaseCamp は、外国製品が主流となっているキャンプ・ギア市場において、外国ブランドを参考としつつ生産拠点をウクライナ国内とすることで低価格ながら実用性の高い機能的な製品を提供しており、自社ブランドで折りたたみ椅子やハイキングマット、火起こし用品、虫よけ、洗浄剤、カイロ、ガスボンベ、ケミカルライトなどキャンプに必要なものは一通り取り揃えている。カイロは日本でも見られる衣服に貼り付けるタイプのほか、ハンドウォーマーやインソールウォーマーなど手足の保温に特化したものもある。虫よけはアウトドアの悩みの種である蚊やコバエ、ダニに対するもので、スプレーの他にクリーム、ポータブルベープと充実。日本でも不愉快な蚊への対策は日常的に行われているが、中・東欧からロシア極東にかけての森林に生息するマダニは脳炎などを媒介するため、ダニ対策が重要となっているのだ。アウトドア用の洗剤が充実しているのも BaseCamp ならでは。日常では出会わない草の汁や油分の頑固な汚れや汗・皮脂を落として防臭し、通気性を損なわない専用の洗剤がギアと一緒に手に入るのは嬉しい。

ウクライナ軍御用達の電動バイク

Atom Military

A Elektrobaik　**K** 電動バイク　**U** Електробайк
A ELEEK　**O** テルノーピリ市
P 196,000　https://eleek.com.ua/　https://eleek.com.ua/item/eleek_atom_afu/

　ELEEKは2010年に事業を開始したウクライナ発の電動バイク製造企業。特徴は様々な気象条件や路面状況に耐える耐久性の高いデザインで、電動でありながら最大荷重をかけた上で山岳地帯のオフロードを走破できる馬力と強靭さが売り。

　この耐久性と信頼性、コンパクトさと機動力、また電動ならではの静音性に注目したのがウクライナ軍だ。同社のAtomモデルをベースにミリタリー仕様に強化したAtom Militaryは、どのような悪路でも静かにかつ機敏に走行することを目的に設計されており、ロシアの全面侵攻初期から祖国防衛を助けている。サスペンションを個別に調整できるショックアブソーバーを備え、クロスカントリー・バイクに使用される開放型の泥除けを採用、荷物ラックの最大荷重は50kgとなっているほか、後輪には牽引バーが装備されパンクしても走行が可能だ。また、ブレーキのたびにその運動エネルギーを利用してバッテリーが充電されて走行距離を伸ばしているほか、パラメータは独自設計の小型耐衝撃防水OLEDディスプレイに表示される。基本カラーは軍用のオリーブと民用のブラックだが、好みや地形に合ったカラーのオーダーも可能だ。

ベストセラー車を EV で復活？

LUAZ City

🄰 Elektromobil　🄺 電気自動車　🅄 Електромобіль
🄰 LUAZ Motors　🅀 キーウ市
🄮 約 600,000　🌐 https://luazmotors.com/

　約 50 年前、現ウクライナのルーツィク自動車工場で、後にウクライナ人の生活を大きく助けて愛された自動車 LuAZ-969、通称「ヴォリニャンカ」が誕生した。このヴォリニャンカを EV として復活させようとして発表されたのが LUAZ シティである。LUAZ Motors が LUAZ シティを発表して以降、このノスタルジックな外観を持つウクライナ初の 4 人乗り国産電動ピックアップは SNS 上で大きな関心を集めた。

　期待値の高かった LUAZ シティであるが、本書執筆時点で一般販売はまだのようだ。実は LUAZ Motors 社はルーツィク自動車工場と直接の関係はなく、一般道での使用が想定されておらず企業の構内で使用する用途となる可能性が高いことが明らかになっている。公道での走行が許可されている同社のモデルとしては 2 人乗りの LUAZ ファーマーと LUAZ カーゴがある。LUAZ シティの外観が Alibaba で 6,000 ドル弱で販売されている電気自動車と酷似していることも指摘されたが、LUAZ Motors 社によれば確かに車体は中国から購入されているものの内部構造は大きく異なるとのことである。

大型タイヤでウクライナ初の電動スクーター

MoveOne

A Elektrosamokat　**K** 電動スクーター　**U** Електросамокат
◎ キーウ市
€ 39,500　**⊕**　🔗 https://veliki.com.ua/ua/goods_e-scooter-moveone-e-scooter-20.htm

　MoveOneはキーウでスタートアップ企業として生まれたウクライナ初の電動キックボード・ブランド。信頼性の高いスチールフレームを使った折りたたみ式で、最高時速30km/h、最大積載量は120kgまたは150kg、1回の充電で50kmの走行が可能となっている。最大の特徴はそのタイヤで、一般的な電動キックボードの数倍、子供用自転車と同程度のサイズだ。日本でも電動キックボードが普及するにつれその危険性も注目されたが、その原因の一つがタイヤの小ささである。小さいタイヤでは自転車などでは問題にならないような小さな段差でも乗り越えることができないことがあり、立ち姿勢での運転で重心が高いこともあって段差に引っかかると前転するように転倒してしまいやすいのだ。MoveOneのキックボードはタイヤが大きいため道路の穴凹を乗り越えたり悪路を安定して走ることが可能で、路面状況が悪い場所の多いウクライナの道路にはピッタリのデザインと言えるだろう。
　価格は少々お高めのためターゲットとなるユーザーの年齢層は高く、民間用の他にバッテリーの取外しができる企業や公的機関向けのモデルもリリースしている。

期待のオーディオファン向けヘッドホン

Verum 2

A Navushnyky　**K** ヘッドホン　**U** Навушники
A Verum Audio
O ハルキウ市
$ $300-400　🌐 https://www.verum-audio.com/
▶ https://www.kickstarter.com/projects/verumaudio/verum-2-audiophile-planar-magnetic-headphones

　Verum 2 は 105mm の大型ドライバーを搭載した平面磁気駆動型ヘッドホン。単層設計の薄型ダイアフラム（振動板）と 44 個の薄型かつ強力なマグネットとの組み合わせにより均一な振動を実現し、革新的なベースリフレクターによって低音を確実に再生することで最高品質の音楽体験を届けてくれる。カラーはパール、イエロー、レッド、グリーン、ブラックの 5 色。

　Verum Audio は大衆向け市場には無い技術を搭載したオーディオファン向けヘッドホンの作成を目指したスタートアップ。2018 年、同社の製品第 1 号である Verum 1 の開発・製作のための資金はクラウドファンディング・プラットフォーム Kickstarter を通じて調達され、$185,700 が集まった。後継機種となる Verum 2 は何千人もの Verum 1 ユーザーからのフィードバックを基にダイアフラムの厚さを 10 分の 1 に、導電層をアルミニウムから銀に変更、全体のサイズも小型軽量化しよりスタイリッシュになっている。資金調達では目標額約 $54,000 のところ 40 万ドル以上が集まった期待のモデルだ。

ドライバー 24 基のハイエンドイヤホン

MAD24-U

🅐 Navushnyky　🅚 イヤホン　🅤 Навушники
🅐 Ambient Acoustics　🅞 キーウ市
💲 $3200/¥545,600　🌐 https://ambient-acoustics.ua/eng/
🔗 https://ambient-acoustics.ua/eng/universalni-navushniki/ambient-acoustics/mad24-u.html
🔗 https://www.iidapiano.store/product-page/ambient-acoustics-mad24-u

　Ambient Acoustics は 2004 年創業のカスタムイヤホン・イヤープラグメーカー。バランスド・アーマチュア（BA）ドライバーへの非線形電気特性の位相インピーダンス補正の導入や 3D プリンタを駆使した高効率かつ高精度な製造法式といった革新的な技術を有し、ユーザー各個人の耳の特徴に合わせた製品を生み出している。イヤホンのシェルの素材はアクリルはもちろん木や石を選ぶことも可能だ。なお、銃の射撃音から耳を守るイヤープラグはウクライナ軍にも供給されている。日本では飯田ピアノが製品を取り扱っており、納品に時間はかかるが日本でも購入しやすくなっている。

　MAD24-U は、独自のアプローチであるクロスオーバーレスの MAD（Main Audio Destination）を採用した同社のフラッグシップモデルで、サウンド・インプリント・シェル（SIS）技術を用いることで 24 基というとんでもない数の BA ドライバーを収めつつも周波数帯の間で大きな位相のずれを発生させることなく音響のバランスを整えることに成功しており、これによって解像度の高いまとまった立体的なサウンドを実現している。

低価格高品質のウクライナ国産スマートTV

ergo

🅐 Smart-televizor　🅚 スマートTV　🅤 Смарт-телевізор
💰 5499〜　🌐 https://ergo-ua.com/　🔗 https://ergo-ua.com/ua/products/tvs/

　ウクライナのIT技術の高さは日本でも知られてきており後ほど紹介するように世界的な規模のアプリやサービスも多いが、家電製品も十分な品質のものが生産されている。2000年代初頭、ウクライナの市場には高品質であるが高価な国外メーカーの製品しかなく、多くのウクライナ人がこうした外国製品を購入できる状態ではないという状況にあって、ergoは低価格かつ高品質の製品を消費者に提供し始めた。当初は写真・動画関連製品が中心であったものの、ウクライナの消費者が求めるニーズを常に研究することで、現在は大型・小型の家電製品、テレビ、スマートフォン、携帯電話、発電機その他幅広い製品を販売している。
　日本でも動画サービス等の普及とそれに伴うテレビ番組の需要の低下などにより需要が高まってきたスマートTVであるが、ergoは日本で見られる中華製TVに劣らない性能のandroid tvとGoogle TVをリリースしている。最も安価な24型のものでもLEDディスプレイとHD画質、フレームレート60Hzながら消費電力は21Wと比較的エコ（例としてハイセンスの24V型テレビの消費電力は38W以上）。

信頼性の高い統合セキュリティシステム

AJAX

A Okhoronna systema　**K** セキュリティシステム　**U** Охоронна система
₴ 9699〜　🌐 https://ajax.systems/ua/
🛒 https://rozetka.com.ua/ua/komplekty-signalizatsiy/c236220/producer=ajax/

　AJAX は家庭やオフィスを守るセキュリティ・デバイスとシステムを提供するウクライナのブランド。安価な中国製品と高価な欧米ブランドとの中間に位置する価格帯のニッチを埋めるべく 2011 年に発足した同社は翌年に早速センサーをリリースし、国内ではかなりの成功を収めたが、国際展示会では他国メーカーの製品で代用できるソリューションに関心を示すものはいなかったという。同社はこの経験を基に、独自の通信プロトコルとコントロールパネル、センサー、クラウドサーバー、モバイルアプリを備えたセキュリティ・システムをスクラッチから作ることにしたのだ。2016 年には空き巣対策のみならず火災や浸水対策等といったセキュリティ機器を 1 つのシステムで統合するインテリジェント・コントロールパネル「Hub」をリリースし、これによって世界市場への参入に成功した。
　ロシアの全面侵攻に伴い、電子化移行省の支援のもと同社が開発した空襲警報アプリ Air Alert はいまやウクライナで生活・滞在する上での必携アプリだ。警報は恐怖感を与えないように配慮されており、スター・ウォーズで有名な俳優マーク・ハミルをアナウンス音声とするなどしている。

IT先進国のBOTゲーミングPC

ASGARD

🄰 Ihrovyi kompiuter　🄺 ゲーミングPC　🅄 Ігровий комп'ютер
📍キーウ市
💰 28,099～　🌐 https://asgard.ua/
🛒 https://click.ua/shop/sistemni-bloki/asgard?utm_source=land

　PCゲームが普及しておりゲーマーや野良ハッカーの多いウクライナでは、高性能なPCの需要が高い。ASGARDはユニークなゲーミングPCを作成するためのオンライン・ラボラトリーを自称しており、ゲーム世界に没頭できる高スペックのPCを提供している。社名はもちろん北欧神話に由来し、ルーン文字を意識したブランドロゴも中二心をくすぐられるが、世界的なメーカーのパーツを使い、専門家による複数段階にわたるテストを経て構成されるPCは信頼性が高く、またデザインに優れたPCケースとライティングはゲームプレイを大いに盛り上げてくれるだろう。

　パーツ構成のモデルレンジも広く、もちろん気軽にお好みのオプションを選択可能。本書執筆時点でのハイエンド・モデルは約27万フリヴニャ（およそ100万円）のASGARD Hyperionで、SF的なデザインで1面が強化ガラス張りのケースに収められたCPUは24コアのIntel Core i9-14900KF、ストレージは4TBのSSD、メモリ128GB、グラボはGeForce RTX 4090、Windows11 Pro搭載となっている。

ドライバーの必需品

GLOBEX

🇦 Videoreiestrator　🇰 ドライブレコーダー　🇺 Відеореєстратор
📍 キーウ市
₴ 699〜　🌐 https://globex.ua/　🛒 https://rozetka.com.ua/ua/vdr/c153617/producer=globex/

　GLOBEXは電子機器の製造・販売企業で、同社のデバイスがウクライナ市場に登場したのは2010年。創立以降、ウクライナとCIS諸国全域をカバーする広範なパートナー・ネットワークを形成しており、高品質な最新機器を提供するメーカーとしての地位を確立してきた。ラインナップにはGPSナビやウェアラブルカメラ、スマートウォッチ、ワイヤレスイヤホン、ポータブル充電器、デジタルバックミラー等があるが、主力はドライブレコーダーだ。
　米国に次いで世界第2の交通事故件数の日本と比べるとウクライナの事故件数はかなり少ないが、事故原因を見ると、日本で最も割合の大きい安全運転義務違反を含む「運転規則違反」がウクライナでは23%であるのに対し、最大の約40%を占めるのが速度違反だ（日本での最高速度違反は全体の5%程）。比較的運転が荒い傾向にあるウクライナではドラレコを付けておいたほうが良いだろう。GLOBEXのドラレコはモーションセンサーや衝撃検知による自動録画はもちろん、日本よりも街灯の少ないウクライナの市街地で活きるナイトビジョンがついたものもある。魅力的なのは価格で、モノによっては数千円とかなりお安い。

ペットとのコミュニケーションを助ける

Petcube

A Gadzhety dlia domashnikh tvaryn　**K** ペット用デバイス　**U** Гаджети для домашніх тварин
O サンフランシスコ
C 色々　**W** https://petcube.com/　**S** https://petcube.com/store/
S https://alphaespace.com/c/0000000103/4003036

　家族となり癒やしを与えてくれるペットだが、多様化するライフスタイルの中でペット用品を進化させようと試みているのが2012年にキーウで設立されたPetcubeだ。今や本社をサンフランシスコに置くPetcubeの理念は革新的で、未来につながるペットのエコシステムに必要なものとして第一にペットカメラ、GPS付の首輪や自動餌やり機といったスマートペットデバイス、第二にデバイスが収集したデータを分析するアルゴリズム、第三に得られた分析結果に基づいて個々のペット向けにパーソナライズできる製品及びアプリのストックという3つの層からなる製品を提供している。社員約100名の比較的小規模なPetcubeが何十億ドルも投じられた他社の最新ガジェットと競うのは並大抵のことではないが、飼い主とペットの双方向でのコミュニケーションを可能にするデバイスやアプリは口コミにより強い支持を得ている。

　ところでウクライナで最も人気なペットはもちろん犬と猫だ。ロシアとの祖国防衛戦争では爆発物探知犬として活躍したパトロンやキーウの瓦礫の下から救出された猫フェニックスなど、戦時下で国民から象徴的に愛される動物も多く現れている。

コラム 1　Made in Ukraine

　「メイド・イン・ウクライナ（Made in Ukraine, Зроблено в Україні）」は単にウクライナで生産されたものを表すフレーズではない。この言葉は、大統領主導で経済省を実施機関とする、一連の生産者支援プログラムからなる国家政策の名称でもある。その目的は、ウクライナの国内生産者の発展に向け投資を誘致し、高付加価値の製品の生産を促すとともに、ウクライナ製品に対する需要を喚起することだ。中期的には製造・加工業を OECD のベンチマークである対 GDP 比 20% とすることを数値目標としている。生産者・製造業者への支援は生産量の増加に繋がり、それがひいては新たな雇用を生み、安定した経済の礎となる。また、税収の形で国家予算に寄与することから、ロシアの魔手から国を守っているウクライナ軍への支援にもなるのである。本書でも英題とウクライナ語題をあえて日本語の直訳とせずにこのフレーズを取り入れている。

　支援メニューとしては、最大 500 万フリヴニャ（およそ 2000 万円）を最長 5 年、7% の低金利（といっても日本よりかなり高いが）で融資する「5-7-9% アフォーダブルローン」、ウクライナ製の機器・設備を購入した農業従事者に対する最大 25% の国からの給付金、ウクライナ製のエネルギー機器、建設機器、車両、特殊機器を特定の銀行を通じて購入した場合の 15% の付加価値税の免除、加工業を行う企業に対するプロジェクト費用の最大 50% の助成金（ロシアの占領から解放された地域でのビジネスやドローン製造業者に対しては最大 80%）、起業に伴う設備・原材料調達費や店舗賃貸費などの初期費用への助成を受けられる「Own Business」プログラム、退役軍人とその配偶者の起業に対する最大 100 万フリヴニャの助成金プログラムなどがある。本書で紹介している企業やブランドの中にも上記の支援を受けて起業し成功したものが複数ある。これまでに 2 万 2680 社が Own Business プログラムを受け、退役軍人においては 1220 社が助成金を受けて起業しており、もちろんビジネスなのでこれらの中で順調に成長している企業はある程度絞られるだろうが、それでも戦時経済の活性化に大きく貢献していることは間違いないだろう。

　また、ウクライナ国内の生産・製造業者はメイド・イン・ウクライナのロゴの使用が許されており、「ウクライナ製品」のブランド化に貢献している。

　本書で紹介しているウクライナ製品はあくまでごくごく一部。ほかにも大量生産品から個人ブランドレベルのユニークなものまで、まだまだ広範なジャンルにわたる多種多様な製品があり、2022 年のロシアの全面侵攻下で誕生したり発展したブランドや製品も数多くある。戦後、本格的な復興が始まり日本をはじめとする外国人の入国と外国との取引・ビジネスが増加した暁には、日本でもこのロゴをいろんなお店で目にすることが出来るようになるのではないだろうか。その時にすぐにそれと分かるよう、ぜひ読者の皆様にはこのマークを目に焼き付けておいてもらいたい。

第 2 章

アプリ・ソフトウェア

今やウクライナが IT 大国であることは日本でも知られている。もともと旧ソ連で航空宇宙産業や原子力産業を担当する構成国だったウクライナには技術系人材が豊富で、ソ連崩壊後に彼らが IT に流入したのがはじまりだ。IT 教育を受けた者以外にも独学で技術を獲得した「野良ハッカー」とも呼べる人もかなり多いという。本章ではそんなウクライナが生んだソフトやサービス、ゲームを紹介しよう。ウクライナ発と知って驚きの世界的製品も多数だ。

高精度な英語校正サービス

Grammarly

Ⓐ Grammarly, Inc. **📍** サンフランシスコ
💰 基本無料 **🌐** https://www.grammarly.com/
📱 (iOS) https://apps.apple.com/us/app/grammarly-ai-writing-keyboard/id1158877342
(Android) https://play.google.com/store/apps/details?id=com.grammarly.android.keyboard

　Grammarly は AI を活用した英文チェックプラットフォームで、ウクライナ発のプロダクトとして世界で最も人気で影響力があるものの一つと言って間違いないだろう。おそらく、このサービスをウクライナと関係があると知らずに使っていた読者も多いのではないだろうか。

　Grammarly は英語の文法やスペルの正確性チェックから、文脈や論旨に応じて文の明瞭性や文体に関わる修正候補を提示してくれるうえに、文章全体のクオリティをスコア付けまでしてくれる。英文での論文や記事、レポートの執筆をはじめ、ビジネスメールやプレゼンの作成、英語試験の勉強にも役立つ、非ネイティブはもちろんネイティブにとっても便利なサービスだ。また有料版では盗用の可能性がある箇所を検出できるため、既存の文献等との重複や意図しない剽窃のリスクを回避するのにも有用だろう。ブラウザ版のほか、モバイル含め各種 OS で動作するアプリ版が利用可能だ。

　2009 年、このサービスを開発したのは 3 人のウクライナ人だった。ウクライナで初めて授業で英語のみを使用する大学、国際キリスト教大学で学んでいた彼らは、学生がしばし

創設者の３名

Grammarly の修正機能は精度が高い

ユーザーのフィードバックを踏まえ手軽に使えるのが人気の鍵

今やサンフランシスコにオフィスを構える大成功のスタートアップだ

ば他人の著作を使って自分の成果とし、また教師側もそれに気づけないという状況に問題意識を持っていたといい、盗用チェックサービス MyDropbox を 2004 年に立ち上げたのがすべての始まりとなった。このプロジェクトの途上で、米国のネイティブ・スピーカーたちでさえしっかりとしたメールを書くのに苦労する例が多いことに気がついたのだ。当時、デジタル大手の Google や Microsoft が文法ツールに手を広げていたため、彼らの小さなチームはリソースにおいて圧倒的に不利な状況にあったが、テキスト検証に明確な焦点を当て、顧客からのフィードバックを反映する柔軟性があったことから劣勢は覆された。当初は有料サブスク形式のみであったが、そのテキストチェックの質と効率性の高さから学生の間で利用者数が徐々に広がり、ライターやビジネスマンなどにも愛用されるようになった。後に無料プランも導入、2017 年には 1 日あたりのユーザー数が 1000 万名を超え、多額の投資を誘致して今なお成長を続けている。ウクライナのみならず世界的にも有数の、スタートアップの大成功例と言えるだろう。現在はサンフランシスコ、ニューヨーク、バンクーバーとキーウにオフィスを構えている。

有名人にもなりきれる顔入れ替えアプリ

Reface

Ⓐ NEOCORTEXT, INC.
🅔 基本無料　🌐 https://reface.ai/
📱（iOS）https://apps.apple.com/us/app/reface-face-swap-ai-generator/id1488782587
　　（Android）https://play.google.com/store/apps/details?id=video.reface.app&hl=ja

　Refaceは表情を維持しながら写真やGIF、動画の顔を入れ替えられるアプリ。機械学習を使用しディープフェイクを基に動作しているが、多くの類似のものと異なり、CGIを使用していないことが特徴だ。開発に3年が費やされたというAIによって処理にかかる時間は最小限に抑えられ、また生成される画像や映像は最大限リアルなものとなっている。

　名門国立キーウ・モヒラアカデミー大学の卒業生らが立ち上げたAIスタートアップRefaceは当初タイやフィリピンで人気を獲得し、その後話題がウクライナからヨーロッパに波及して公開8か月目には米国まで到達した。イーロン・マスクやジャスティン・ビーバー、ブリトニー・スピアーズなどの著名人らが使用したことから一気にユーザーが増加し、公開当初3か月の100万ダウンロードから、8か月後には2000万ととてつもない伸びを見せている。

　同社はほかに、例えば「ジブリ風」などに画像を変換できるRestyleや静止画からアニメーションを生成できるReviveなどSNSで活用できるサービスを多数リリースしている。クオリティが高く面白いため、遊びでちょっと使ってみるのもいいだろう。

世界で最も使われる求人サービスの一角

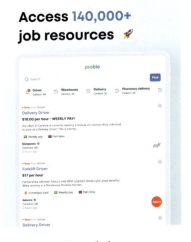

Jooble

Ⓐ Jooble
🄱無料　🌐 https://ja.jooble.org/
📱（iOS）https://apps.apple.com/us/app/jooble-job-search-simplified/id1605813568
　（Android）https://play.google.com/store/apps/details?id=jooble.org&hl=ja

　Joobleは高度なアルゴリズムを用いた世界有数の求人検索プラットフォーム。高度な専門職から派遣・季節労働まで、様々なリソースから求人情報が収集されており、キーワードのみならずクエリの文脈も考慮して最適な選択肢を提示してくれる検索システムはユーザーが迅速かつ効率的にジョブ探しをするのに大きく役立っている。日本で主流の求人サイトは広告や余計な情報でゴミゴミとしているものも見受けられるが、Joobleのページは無駄がなくレイアウトが非常にスッキリしているのも特徴だ。現時点で日本を含む67か国をカバーしており、実はウクライナ発のサービスと知らずに使っていたという方もいるのではないだろうか。

　今や「仕事・キャリア」カテゴリーで世界で最もアクセス数の多いウェブサイトのトップ3に名を連ねるJoobleもまた、2006年に2人の学生が設立したスタートアップであった。既存の求人サイトが不便であることに問題意識を抱いた創設者らは、キーウ工科大学の寮でJoobleを誕生させた。当時の他の求人サイトとは異なる成果報酬型のモデルが注目を集め、CIS諸国・ポーランドから徐々にグローバル化を進め現在に至っている。

世界最大級のストックフォト・サービス

Depositphotos

Ⓐ Depositphotos　Ⓞ ニューヨーク
₴ $0.97/一画像または$29/月〜　🌐 https://depositphotos.com/jp/
📱（iOS）https://apps.apple.com/us/app/depositphotos-stock-photos/id919098408
（Android）https://play.google.com/store/apps/details?id=com.depositphotos.root&hl=ja

　今やプロ・アマを問わずデザイナーやクリエイターたちがアイディアを形にするのに欠かせないロイヤリティフリーの素材。Depositphoto は2億点以上の写真やベクター画像のほか、大量の動画やサウンドファイルまでを含めると3億点以上のファイルが利用可能なウクライナ発のストックフォト・プラットフォームだ。日本のスバルを始め、BOSCH や Tripadvisor、Forbes といった大手国際企業にも素材を提供している。その特徴は何といってもストックの豊富さで、優れた検索ツールを使えば数十のカテゴリに分けられた素材から必ず自分のプロジェクトにあった素材が見つかるだろう。またサービスの規模の大きさは、素材を利用する側だけでなく投稿する側にとっても魅力的だ。自身で撮影・作成した素材から5点をアップロードして審査に合格すればコントリビューターとなり販売実績に基づいて報酬を受け取ることができる。
　現在ではニューヨークに本社を構える Depositphotos は2009年にドミトロ・セルヘイェウによってキーウで創設され、2011年には3百万米ドルの投資を獲得して瞬く間に世界有数のサービスへと成長している。

言語を学び教えるプラットフォーム

Preply

Ⓐ Preply Inc.　**Ⓞ** ブルックリン
Ⓔ 基本無料（講師決定後課金）　**Ⓦ** https://preply.com/ja/
Ⓛ（iOS）https://apps.apple.com/us/app/preply-language-learning-app/id1352790442
（Android）https://play.google.com/store/apps/details?id=com.preply&hl=ja

　2012年に3人のウクライナ人が立ち上げたスタートアップのPreplyは、今や世界から3万人以上の講師と100万人以上の学習者が登録する主要なオンライン学習プラットフォーム。学習できる言語数は多く、英語やフランス語といったメジャー言語はもちろん、ウクライナ語や日本語、またトルコ語やインドネシア語、スウェーデン語などといった幅広い言語をカバーしている。語学のみならず数学や物理学、プログラミング言語などを学べるのも特徴的だ。利用方法は、まず講師を検索して体験レッスンを受け、その講師のレッスンが気に入れば定期レッスンに登録して習うという流れだ。

　習う側だけでなく教える側にとっても利用しやすいサービスとなっており、例えば日本語教師の資格などは必須ではなく、プロフィールや自己紹介文などを作成して申請、Preplyから承認されれば活動ができる。承認までは一定の時間がかかるようだが、とりあえず気軽に登録だけしてみるというのも良いだろう。レッスン単価やスケジュールは自身で管理が可能だし、自身のスキルアップに向けてトレーニングウェビナーなどのサポートも受けることができる。

iOS ユーザーなら必ず入れたい便利アプリ

Documents

Ⓐ Readdle　Ⓞ オデーサ
Ⓔ 基本無料　🌐 https://readdle.com/
▶ https://apps.apple.com/us/app/documents-file-manager-docs/id364901807

　オデーサに本社を置くモバイルアプリ開発企業 Readdle が提供する Documents は、ウェブ上のコンテンツやファイルの保存に特化したファイル管理アプリ。Readdle を代表するこのアプリは、もともと iPhone 上で書籍を読めるようにすることを目指して開発され、2007 年に Safari ベースのサービスとしてリリースされた。写真や動画、音楽、文書など様々なファイル形式に対応し、ZIP 圧縮・解凍、ページの PDF 保存といった基本機能のほか、iCloud や GoogleDrive などのクラウドと連携することでこれらクラウドのアプリをわざわざインストールしなくとも Documents アプリから一元管理ができるのも便利だ。PDF の編集やマーカー、メモの追加が簡単に行えるのも嬉しい。

　このほか同社からは、紙の文書を簡単にスキャンして電子化できる Scanner Pro や、受信したメールの種類によって仕分けるなどの効率化機能が多数搭載されたメールアプリ Spark など、便利なアプリがリリースされている。iOS のみ対応なのが残念だが、iPhone/Mac ユーザーにはぜひおすすめしたい。

Mac 向けオールインワンお掃除ソフト

CleanMyMac

Ⓐ MacPaw　**Ⓠ** キーウ
Ⓢ $39.95　**🌐** https://macpaw.com/ja/cleanmymac　**🛒** https://macpaw.com/ja/store

　2008 年に当時学生だったオレクサンドル・コソヴァンが設立した MacPaw は、今や数百万ドルの収益を誇るウクライナ最大級の IT 企業。同社の主力製品が Mac のパフォーマンス改善を助けるストレージ管理アプリ CleanMyMac だ。Mac ユーザーであれば耳にしたことがある人もいるのではないだろうか。最大の特徴は、Mac からジャンクファイルの削除、マルウェアの検出、重複・類似する写真の削除といったストレージの整理などクリーンアップ・セキュリティ・高速化をワンタッチで行ってくれるスマートスキャンだ。また、お掃除機能の他にもストレージの空き容量や圧迫度合い、メモリの使用状況、バッテリー状態、CPU 温度や負荷を与えているアプリを確認したり、インターネット速度の計測など、最適化に必要な機能がオールインワンとなった、地味ながらありがたいソフトウェアとなっている。

　名前のとおり MacOS を対象とするソフトウェアだが、Windows 向けの CleanMy® PC もリリースされている。このほか、ワンタッチでの VPN アクセスが可能なアプリ ClearVPN は、ウクライナ国民向けには無料で提供されている。

アプリ・ソフトウェア

もはや説明不要の大人気 FPS ゲーム最新作

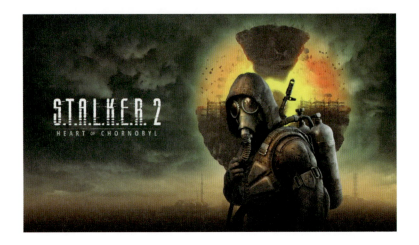

S.T.A.L.K.E.R. 2: Heart of Chornobyl

🅐 GSC Game World 🅠 プラハ
🅔 ¥7945 〜 🌐 https://www.gsc-game.com/ 🎮 https://store.steampowered.com/app/1643320/STALKER_2_Heart_of_Chornobyl/?curator_clanid=6313

　S.T.A.L.K.E.R. シリーズはプレイヤーが装備や食料などすべてを自給自足してオープンワールドを生き抜く大人気サバイバルホラー FPS で、チョルノービリ原発事故を若い世代にも知ってもらおうという目的から開発が始まった。同原発で再び起こった謎の爆発により超常現象や凶暴なミュータントが発生したため封鎖された地域「ZONE」に敢えて侵入し、危険な依頼をこなすことで一攫千金を狙う探索者「ストーカー」らを追うストーリーだ。

　自由度の高い広大なフィールドと探索・サバイバル要素、プレイヤー不在でも NPC が自律的に行動する生態系シミュレーションシステム「A-LIFE」、これら要素によって発生する予測不可能な突発的ハプニングといった意欲的で尖った設計は FPS の新境地を開いた。「洋ゲー」の例に漏れない豊富な MOD の存在、そして体に蓄積した放射線がウォッカで治るなどのクスリとくる小ネタも人気を支えている。

　大ヒットを記録した 3 部作「S.T.A.L.K.L.E.R. Shadow of Chernobyl」「Clear Sky」「Call of Pripyat」に続いてシリーズ 4 作目となる最新作「S.T.A.L.K.E.R. 2: Heart of Chornobyl」では、主人公である新人ストーカーとして Unreal Engine 5 により進化した

荒廃したオープンワールドの探索は緊張感満点

ZONE では有名なプリピャチの観覧車も再現されている

恐ろしいミュータントを切り抜けて探索を進めよう

多種多様な武器の特性を理解しカスタマイズすることで自分だけの戦闘スタイルが確立できる

圧倒的なグラフィックと日本語対応 UI でスリル満点の「S.T.A.L.K.E.R. らしさ」を楽しむことができる。過去作を既プレイであればより没入感が増すが、全くの新規プレイヤーでも十分以上に楽しめる内容だろう。

　本作は開発が 2010 年に発表されて以降、開発元の閉鎖など紆余曲折を経て 2022 年発売予定となったが、ロシアの全面侵攻を受け開発は一時完全に中断、さらなる発売延期となった。そして前作発売から 15 年を経た 2024 年、待望のリリースに至ったのである。開発者の一部はウクライナ軍に従軍し、うち 1 名が 2022 年 12 月に戦死したことが日本でも報じられた。発売に先立つ 2024 年 10 月には戦時下での制作過程を映すドキュメンタリーフィルムが YouTube で公開されている。

　なお本シリーズのサブタイトル表記はロシアによる全面侵攻を受けてか 1 作目当時におけるロシア語風の「Chernobyl」からウクライナ語の「Chornobyl」に改められている。

ロシアの人気小説を基にしたFPS

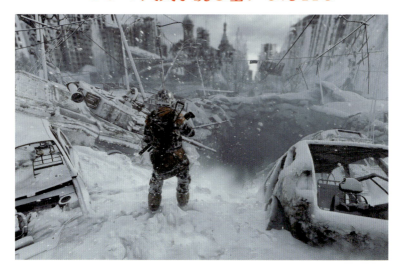

Metro Exodus

🅐 4A Games 🅞 マルタ、スリーマ
🅟 ¥3589 🌐 https://www.4a-games.com.mt/
🔗 https://store.steampowered.com/app/412020/Metro_Exodus/?l=japanese

　21世紀初頭に起こった全世界規模の核戦争により汚染された大気と突然変異で現れたミュータントから逃れ、世界最大の核シェルターでもあるモスクワ地下鉄に人々が暮らす2033年。ロシアの作家ドミトリー・グルホフスキーが著した大人気の終末ものSF小説を原作としたFPSゲームがMetroシリーズだ。2019年発売の最新作Metro Exodusでは、過去作で描かれたモスクワ地下鉄からより広大な地表に舞台が移り、主人公アルチョムたちは蒸気機関車でロシア全土を横断する旅に出ることになる。当たり前のように略奪を行う悪人やミュータントを崇める宗教団体、帰る場所を失った人々がもととなった部族などの人々と出会うポストアポカリプスな世界観での重厚なストーリーを主軸にしつつ、停留する土地ごと、季節ごとに異なる風景を見せるフィールドでの探索要素は大きな魅力だ。クラフト要素や銃のカスタマイズ、相手と状況に応じた戦略・戦術など、システムに慣れていくごとに没入感が増していくことは間違いない。もちろんボイスを含め日本語にフルローカライズされており、英語やロシア語への切り替えも可能だ。

シャーロック・ホームズ×クトゥルフ神話

Sherlock Holmes The Awakened

Ⓐ Frogwares　◎ キーウ市
ⓔ ¥6130〜　🌐 https://frogwares.com/　🛒 https://store.steampowered.com/app/1949030/Sherlock_Holmes_The_Awakened/?curator_clanid=36390721

　誰もが知っているコナン・ドイルの推理小説の主人公、シャーロック・ホームズだが、なんとウクライナの Frogwares が彼を主人公にしたゲームシリーズを展開しており、ホームズを操作し証拠や情報を収集して事件の真相に迫っていくアドベンチャーシリーズとなっている。2023 年にリリースされた最新作 The Awakened は 2007 年発売の同名のシリーズ 3 作目のリメイク。面白いのはラヴクラフトのクトゥルフ神話の要素がストーリーのテーマとなっている点だ。ホームズはロンドンで起きた失踪事件をきっかけに、名状しがたい旧き神を崇める闇の教団の国際的な陰謀を追うこととなる。その理性を武器に論理的に推理を行うホームズが冒涜的な異能の存在と対峙するという構図は見ものだ。ストーリー上地続きとなる 2021 年発売の前作 Chapter One も合わせてプレイすればより楽しめるだろう。PC のほか、Nintendo Switch や PlayStation でもプレイ可能。
　本作もまたロシアの全面侵攻の中、爆撃による停電などの影響を大きく受けながら開発された作品で、スタッフの中には兵士として戦場に出た者もいる。

思わず熱中するリアルタイムストラテジー

Men of War

Ⓐ Best Way　Ⓠ シヴェルシコドネツィク
Ⓨ ¥580　Ⓦ www.bestway.com.ua
🔗 https://store.steampowered.com/app/7830/Men_of_War/?l=japanese

　ウクライナの PC ゲーム開発企業 Best Way を代表する Men of War は第二次世界大戦を題材としたリアルタイムストラテジー・ゲーム（RTS）。プレイヤーはヨーロッパと北アフリカを舞台に、ソ連軍、連合軍またはドイツ軍として 19 のミッションに取り組んでいくこととなる。特徴は他の RTS シリーズと異なり生産システムが存在せず必要なものは現地調達となるシステムや、車両などの損傷が全体の数値ではなく部位ごとに表現されたり破壊可能なオブジェクトの破片もオブジェクトとして判断されるなど細部までシミュレーションされたゲーム世界だ。また、「ダイレクトコントロール」と呼ばれるシステムによって一兵士や一車両をアクションゲームのように操って細かい攻撃を行うことも可能。

　日本語未対応なこともあり日本での知名度は低めだが、作り込まれたゲーム内容は熱中できるもので評価は高い。なお、2024 年 5 月にはシリーズ最新作の Men of War II が発売されたが、歴史的に不正確であったり AI が稚拙であることから評価は芳しくない。そのため 2009 年発売と古いゲームではあるが安価なのでぜひこちらの方をプレイしてみてほしい。

開発者の今後が期待されるインディーゲーム

Brichi Quest

Ⓐ Bohdan Radchenko　Ⓠ（個人デベロッパ）
❷ ¥580　🌐 https://x.com/bohdan_gamedev?utm_source=SteamDB
🔗 https://store.steampowered.com/app/2126590/Brichi_Quest/

　Brichi Quest は個人デベロッパのボフダン・ラドチェンコが開発したアクションアドベンチャーゲーム。プレイごとにマップやダンジョンが変化するローグライクの要素を持つゲームで、不思議な剣を見つけ突然未知の土地へ送られた主人公が、故郷へ帰る方法を求めて7つの島々を探検するストーリーだ。開発者も認めるとおりゲーム内容はさほど練られたものではないが、「ゼルダの伝説　夢を見る島」の雰囲気とビジュアルを参考にしたというローポリグラフィックで描かれる世界はかわいらしく、価格も安いため気軽に遊ぶのにはちょうどよい。

　ラドチェンコがゲーム開発者を目指した最初のきっかけは5歳の頃、父親がシミュレーションゲームの Heroes of Might and Magic III をプレイするのを見て衝撃を受けたことだった。数々の挫折を経てついに Brichi Quest の Steam でのリリースに至ったが、これは彼にとってまだ小さな一歩であり、この経験を基に様々なゲームの開発に取り組みたいという。ラドチェンコの今後のゲーム開発者としての成長に期待して彼の次のリリースを待ちたいところだ。

コラム2　ウクライナの物価

　本書では主に現地のフリヴニャ価格を掲載しているが、ウクライナの物価水準はどれほどだろうか。

　下表は、2025年1月のウクライナ全国の主要品目の平均市場価格（ウクライナ国家統計庁より）と同月の東京都区部の主要品目の小売価格（e-Statより）を比較したものである。

品目	単位量	ウクライナ平均価格（JPY）	東京都区部平均価格
米（日本はコシヒカリ）	kg	208.83	837
パン	kg	199.54	529
パスタ類（日本はスパゲッティ）	kg	126.15	685
小麦粉	kg	75.91	354
牛肉	kg	1,089.73	9,430（国産）／3,590（輸入）
豚肉	kg	698.76	2,840（国産バラ）／1,780（輸入ロース）
鶏肉	kg	639.45	1,470
ソーセージ	kg	663.49	1,960
牛乳	1000g	170.52	255
チーズ	kg	821.93	2,660（国産）／7,096（輸入）
鶏卵	10個	183.52	279
バター	200g	391.42	528
食用油（ウクライナはヒマワリ油）	1L	279.69	455.56
リンゴ	kg	134.62	897
キャベツ	kg	150.34	555
タマネギ	kg	63.24	382
ニンジン	kg	120.43	466
ジャガイモ	kg	111.81	467
砂糖	kg	122.84	279
国産ワイン	1本	431.29	550
ビール	0.5L	127.45	273
ワンルーム賃貸料（日本は約40平米として計算）	月	27,222.36	117,744
ガソリン（ウクライナはA-92）	1L	198.20	183
公共交通機関	1回	39.31	256（鉄道）／223（バス）

（レートは2025年1月平均として1 UAH=3.7158 JPYで計算）

　単純には比較しがたい難い部分があるが、全体的に日本よりは安く、食材の安さは日本人にとっては眼を見張るほどだが、国連欧州経済委員会（UNECE）の統計によると2023年のウクライナの平均月収が476.9米ドルなので一般的なウクライナ人にとってはそれほど安いとは言えない。

　なお、消費者物価指数（CPI）に着目すると、対前年12月比ではソ連崩壊直後の1992－93年に約1万％というとんでもない数値を記録した後はしばらく100～120％程度。2014年のクリミア侵攻を受けた2015年では前年比143.3％と移行期以来の大幅な物価の上昇が見られたが、全面侵攻を受けた2022年は26.6％増、2023年は5.1％増、2024年は12.0％増と、戦時下にしては物価上昇は比較的抑えられている。

第 3 章

アクセサリー・小物

ウクライナのバッグやアクセサリーのブランド製品デザインはかなりユニークなものが多い。本章では比較的大きな企業から個人経営のブランドまで、ウクライナ製のバッグやリュックサック、ジュエリー、腕時計、レザー製品を取り上げた。どれも身につければ「特別でオンリーワンな自分」を大胆に、またはさり気なく表現できる。中には愛国的なアイテムもあり、日常のワンポイントとしてウクライナの要素を取り入れるのにもおすすめ。

クラシックかつモダンなレザーバッグ

Mastak

S Sumka　**K** バッグ　**U** Сумка
O リヴィウ市
P（メンズ）3600 〜（レディース）3600 〜　**W** https://mastaklviv.com/
L（メンズ）https://mastaklviv.com/shkiryani-sumky/cholovichi-sumky/
　（レディース）https://mastaklviv.com/shkiryani-sumky/zhinochi-sumky/

　Mastak は 2015 年にリヴィウで設立されたハンドメイド革製品ブランドで、もともとはファミリー・ビジネスとしてスタートしたものの現在ではプロのチームを抱える工房となっている。バッグのデザインはヴィンテージ・クラシック、エレガンス、モダン・トレンドを融合させたもので、縫製には限定ロットのイタリアン・レザーとヴィンテージ・レザーが使用されている。

　レディースの人気レザーバッグ「チェレモシュ」はイタリア製の本革に内側には質感のよいスエードのライニングが施されている。カラーバリエーションはブラック、ブラウン、グリーン、チェリー、グレープ、コニャックがあり、いずれも上品だ。価格も 4300 フリヴニャ（約 16,000 円）とお手頃。レディースのバッグは「プラハ」や「リヨン」「サン・トロペ」「ニューヨーク」など世界のオシャレ都市の名前が付けられたものが多いが、その中には「キオト（京都）」と名付けられたものもある。「キオト」は新しいスタイルの小型ハンドバッグで、幾何学的なデザインと優美なラインが気品あるタンデムとなっている。クラッチバッグとしてもストラップをつけショルダーバッグとしても使用可能だ。

アヴァンギャルドな「触れるアート」

LONA PRIST

🅐 Sumka 🅚 バッグ 🅤 Сумка
📍キーウ市
💶 €140〜   🌐 https://lonaprist.com/   🛒 https://lonaprist.com/collections/all

　LONA PRIST はアヴァンギャルド・アートにインスパイアされたミニマリスト風のバッグとアクセサリーを手掛けるブランド。製品の開発には最高品質のイタリア製素材と制作者のデザイン技術のみが使用され、すべてのモデルはキーウの工房で手作業で作成されている。スローガンは「アートとしてのバッグ」で、キーウ生まれのポーランド系アヴァンギャルド画家カジミル・マレーヴィチの代表作「黒の正方形」が LONA PRIST の DNA に刻まれる鍵であるといい、黒檀から作られたブランドのロゴもこれにインスピレーションを得たものである。

　スローガンのとおり前衛的で芸術性の高いバッグが主力で、名前どおり箱型のシルエットが特徴的なキューブ・バッグはマレーヴィチとピカソが取り組んだキュビズムを意識している。そのアイディアは 5 年以上の間構想のみにとどまっていたが、ついにシンプルさと幾何学的な純粋さ、前衛の精神を体現した「触れられるアート」として表現されることとなった。このバッグは制作に 61 時間を要するという。これ以外にも直方体のシルエットをもつシンプルでありながら使い所を選ばないオシャレなデザインのバッグを多数そろえている。

戦時下に生まれた明るい色彩のハンドバッグ

JUNA

🅐 Sumka　🅚 バッグ　🅤 Сумка
🌐 キーウ市
💰 4100〜　🌐 https://www.juna.com.ua/　📧 https://www.juna.com.ua/allproducts

　ハンドバッグ・ブランドJUNAもミニマリズム的で幾何学的なデザインを特徴としているが、中でもその明るい色彩が群を抜いた特徴となっている。ゆったりとしたトートバッグ、アシンメトリーなメッセンジャーバッグ、スタイリッシュなクロスボディバッグなど、幅広いデザインの中から自分好みのものを見つけられるだろう。ベストセラーのスエードバッグは左右で高さの違うアシンメトリーなデザインが特徴。手作業で作成されている。ハンドルが2種類あり、クロスボディとしてもメッセンジャーバッグとしても使用可能。カラーはピンクの他にレッド、グリーン。グレー、ダークブルー、ワインレッド、サンド、チョコレートとどれも美しい。

　JUNAはロシアの全面侵攻開始後に立ち上げられたブランドだ。創設者のアリネ・バグダサリャンはすでに別のバッグブランドAMICAを運営しており、当初はこれをベースに新しいプロジェクトを進めるつもりであったが、戦略的な観点から、ターゲット層や理念を異にする完全に独立した新ブランドとしてJUNAを立ち上げる事になったという。JUNAの成功はその判断が正しかったことを示していると言えるだろう。

第4章

使うごとに洗練されていくエレガントさ

POELLE

🅐 Sumka　🅚 バッグ　🅤 Сумка
📍 リヴィウ州ホロドク市
💴（メンズ）7800〜（レディース）6800〜　🌐 https://poelle.ua/
🔗（メンズ）https://poelle.ua/product-category/for-man/bags/
　（レディース）https://poelle.ua/product-category/for-woman/

　POELLEは厳選された高級レザー製品ブランド。多くのジャンルの芸術からインスピレーションを受けたエレガントなデザインを特徴としている。控えめでスッキリとしたラインの製品が多いが、これは革が年月を重ねるごとに洗練され、ユーザー自身だけのストーリーを物語る逸品となることを見据えているためだ。レディースのハンドバッグではコンパートメントが横に長めの長方形のシルエットをしたCecilie BagやUntitled Bagがちょっとしたお出かけに似合う。手に持つと真ん中がくしゃりとつぶれ、その曲線がむしろ洗練された印象を与えるJosefine Bagはデートや女子会に最適だろう。メンズのリュックサックBronxは邪魔にならないサイズで、ビジネス用にも問題ないデザインだ。

　POELLEを2019年にリヴィウで設立したのは若い起業家たちで、政府によるeRobotaプロジェクトの助成金プログラム「Own Business」の支援を受けてスタンピングプレスや工業用ミシン、原材料などを揃えた。雇用も創出して事業を拡大し、現在では世界52か国に展開を行っている。

アパレル

2000年代のトレンドを再解釈

NÚKOT

🅐 Sumka 🅚 バッグ 🅤 Сумка
📍 キーウ市
💴 2600〜 🌐 https://nukot.com.ua/
🔗 https://nukot.com.ua/collections/all-bag?sort_by=price-ascending

　NÚKOTは「Reimagined Classics」をコンセプトとしたキーウに拠点を置くレディースバッグ・ブランド。当初は2022年にレザーアクセサリー・ブランドUYAVAとして設立され、翌2023年に創設者オレナ・トクンの苗字を逆順にした今の名称に改称された、新しいブランドだ。NÚKOTの製品デザインは90-00年代の美学にインスピレーションを受けており、時代を超えたシルエットを新しくユニークな方法で創造し、再解釈したものである。製品はすべてウクライナ国内でのハンドメイドで、今や古典的とみなされるおなじみの形式に秘められた意外なディテールや、ナチュラルなカラーバリエーションが特徴となっている。

　NÚKOTを代表するHobo Dropバッグは三日月型のシルエットが特徴的なスタイリッシュでかつノートPCも入る収納力抜群のデイリーバッグで、カラーはキャラメル、トフィー、チョコ・スエードなど落ち着いた雰囲気。バリエーションにはソフトな素材を使ってゆったりとしたシルエットのHobo Bag Suedeや、グリーン、レッドなどよりカラフルなHobo Drop Miniがある。

ブチャの復興に貢献するレザーバッグ

B33

🅐 Sumka 🅚 バッグ 🅤 Сумка
📍 キーウ州ブチャ市
ⓔ 1990〜 🌐 https://b33ua.store/ 📷 https://b33ua.store/zhinkam/

　2022年のロシア軍の占領下で凄惨な虐殺を受けたキーウ近郊の街ブチャは、今や各国要人のウクライナ来訪の際に必ずと言っていいほど訪問される場所となっている。悲劇によってではあるが、今や首都キーウやオデーサなどの主要都市を除いて最もよく知られるウクライナの街ではないだろうか。ロシア軍の侵略以前からブチャでレザー製品の作成を行っていたオレナ・ホリャチョヴァは一時戦火を逃れて避難していたが、街が解放された後に帰還し、生産規模を拡大して自身のブランドB33の立ち上げを決意した。このビジネスはPOELLEと同じく「Own Business」プログラムの助成を受けており、オレナのユニークなアイディアを基に高品質でスタイリッシュな製品を手頃な価格で提供している。
　B33のコンセプトは、持ち物をいれるのにただ便利なだけでなくトレンディで耐久性を備えた面白みのあるアイテムを提案すること。レディースバッグはストラップの余りを巻き付けたりあえて垂らしたりすることで、奇抜だったり尖りすぎたデザインでは決してないのにシルエットと相まってコンセプトどおりどこか違う面白さがある。

前科アリ元ホームレスのお手製リュック

Horondi

A Riukzak　**K** リュックサック　**U** Рюкзак
📍 リヴィウ市
💰 2350〜　**🌐** https://www.facebook.com/Horondi/?locale=uk_UA
📷 https://www.instagram.com/horondi/

　ここでどん底から這い上がったサクセスストーリーを紹介したい。リヴィウを拠点にエスニックなモチーフやエコ・レザーを使った、スタイリッシュで珍しく面白いリュックサックを生んでいるブランドHorondiだ。

　ザカルパッチャ州ムカチェヴォ生まれのサシュコ・ホロンディの家庭は反社会的勢力と関わりがあった。最も若い者が年長者にカネを納め更にその者がより年長者に……という上納システムの中で育った低所得家庭の子どもたちはスリや強盗に手を染めており、サシュコにも前科がついてしまった。しかし執行猶予を受け、警官にこの環境から脱出するよう諭された17歳のサシュコは、足抜けへの制裁を逃れるべく着の身着のまま列車に飛び乗ってリヴィウで路上生活を始めることになった。前科があるために仕事は探せず、駅の周りで中古品を売っているおばあさんたちにゴミから漁った物を売ることで小銭を稼いだ。

　そんなときに出会ったのが相互扶助コミュニティ「エマウス＝オセーリャ」だった。最初は宗教団体だと思い警戒していたが、オセーリャに入るとすぐに仕事と寝床を与えられた。後に手に職をつけるべく家具作りの仕事が紹介されたが、この「本業」はさほど楽しいもの

Horondiのデザインはオリジナリティがありながら完成されている

どんな服にも場所にも似合うスタイリッシュさ

リュック以外の小物類も人気が高い

こちらはパッチワーク主体のおサイフ

ではなかったので、兼業のソーシャルホステル管理業務の傍ら、夜に手慰みとしてリュックを縫い始めたのだという。もともと美しいものに対する情熱を持っていたサシュコが試行錯誤して作ったリュックをやがて友人たちが買い求めるようになったため、オセーリャ創設者はガレージセールの商品としてリュックを作るよう説得したが、強要されているようでサシュコは反発したそうだ。しかし出品されたリュックはなんとわずか30分ほどで完売。その後リヴィウの著名なブロガーが彼のリュックを購入してFacebookに投稿したことで注目と人気が集まり、ウクライナを知るための情報メディアUkraïnerのインタビューも受け、ファンの勧めを受けて自身の苗字を冠した独自ブランドを立ち上げるに至ったのだ。

　その後も軌道に乗るまでは困難があったが、安定してからは素材を古着から新しい生地に切り替え、パッチワークの模様もいれることが出来るようになり、その人気は広がるばかり。今や国内にとどまらず米国やカナダ、ヨーロッパなどからも注文が入る人気ブランドへと成長したのだった。サシュコは自身の成功は自分の手柄ではなく、ただ周りの人々が自分を支えてくれた結果だと語る。

耐久性抜群のシティバックパック

GUD

🅰 Riukzak 🅺 リュックサック 🆄 Рюкзак
📍 キーウ市
💲 4090〜 🌐 https://gud.ua/ 🛒 https://gud.ua/shop

　シティバックパック・ブランドの GUD は 2012 年創業、日常使いの丈夫で機能的なバッグを専門に取り扱っている。高品質でシンプルなデザイン、そして実用性を兼ね備えた製品開発を旨としており、モバイルオフィスとしても、スポーツ・アクティビティにも旅にもショッピングにも活用できる製品を目指している。黒を基調としたバックパックは防水性が重視されており、耐久性と防水性に優れたナイロングログランやコーデュラナイロンにポリウレタンコーティングが施されているため、悪天候下でノート PC を持ち歩いても不安はない。

　広告代理店に勤務していたレジャー好きの創業者は、Nike や Adidas といった大手スポーツブランドに代わる高品質の独立系ブランドの存在を米国旅行で目の当たりにし、これに触発されてウクライナでも独立ブランドを生み出そうと GUD を立ち上げたという。2022 年 2 月 24 日以降の当初はヨーロッパから応援も込めて注文が集まっていたが、まともに発送することさえできなかったようである。しかしこの間の穴埋めとして始まった応急薬ポーチなどのミリタリー用品の生産は、今も続いている。

大人用から子供向けまで３Д揃ったリュック

Bagland

🇦 Riukzak　🇰 リュックサック　🇺 Рюкзак
📍 キーウ市
💰 855 〜　🌐 https://bagland.com.ua/　🔗 https://bagland.com.ua/shop/filter/typ-ryukzak

　Baglandは1997年に始まったブランドで、ウクライナで初めて布製のキャリーバッグを販売した企業だ。創設者のイェホル・ドリニンは子供の頃から学校や水泳に通うのに便利な万能バッグを夢見ていたといい、夢の実現に向けて1994年にハルキウで小さな縫製屋を購入して以降、およそ30年の間に2つの工場を持ちBaglandを含む5つのブランドを生み出すまでに成長した。この間イェホルとその妻が製品を生む上で守り続けているルールが、入手しやすさ（доступність）、デザイン（дизайн）そして耐久性（довговічність）の3つの「Д」である。

　大人向けのバッグやリュックサックも数が豊富だが、特に目立つのは子ども向けリュックの品揃えだろう。スクール向けリュックに限っても何種類もあり、同型のリュックでも初等生向けのかわいいキャラクターや面白いパターンが描かれたもの、惑星をプリントしたもの、○×ゲームがついたものから、中等生でも使えるようなチェックや無地の落ち着いたスタイリッシュなものまでよりどりみどり。撥水性を備えたものも多く、またいずれもスクール向けだけあって収納性も抜群だ。

急成長を遂げたセレブ愛用のブランド

Guzema Jewelry

🅐 Prykrasy 🅚 アクセサリー 🅤 Прикраси
🌐 キーウ市
🆔 色々 🌍 https://guzema.com/ 📖 https://guzema.com/catalog/

　Guzema は世界で読まれる女性ファッション誌 ELLE の元編集者であるヴァレリア・グゼマが 2016 年に設立したジュエリー・ブランドだ。もともとは趣味として始まったジュエリー作りで、起業の時点では数ドルの資金と祖父の金歯しか手元にはなかったという。それが今やゼレンスキー大統領の夫人オレナ・ゼレンスカや、女優のミラ・ジョヴォヴィッチ、クリステン・ベル、キャサリン・ウィニックらも愛用する世界的ブランドに 8 年という短期間で成長しているのだ。シルバーやゴールド、ホワイト・ゴールドを使用した繊細で主張が強くないながらもエレガントで美しいユニークなデザインが特徴で、すべてのディテールが顧客のストーリーの一部を成すよう選ばれているという。

　設立の当初からチャリティ活動にも積極的で、2017 年には生まれつき心臓疾患を抱える子どもたちを救うための事業を実施し、2021 年には自身の財団が立ち上げられている。Guzema もまたロシアのウクライナ全面侵攻を受けて愛国的コレクションを発表しており、2022 年 4 月にリリースされた Freedom Collection ではウクライナの象徴である黄色と青を基調に、ハートのペンダントや国章であるトルィズーブィをあしらい "Be Brave

繊細でいてエレガントかつユニークなデザインのアクセサリー

"Be Brave Like Ukraine" が刻まれたブレスレット

MOÏ コレクションのイヤリング

ゼレンスカ大統領夫人は Guzema のブローチを愛用している

Like Ukraine" の言葉を刻んだブレスレット、宝石付きのラバーリングなどが発表されている。これらのシンボリックで繊細な製品は、ウクライナの未来に対する希望を象徴するとともに、世界中の人々とウクライナ国民を結びつけるという願いが込められたものだ。売上はすべてウクライナの防衛予算や戦地にある兵士らへの物資提供のために寄付されている。

　また、2023 年には現代の他のスラヴ系言語では用いられずウクライナ語（及び「言語」としてカウントするならルシン語）のみで用いられるキリル文字の "ï"（点が 2 つの i）をデザインに取り入れた MOÏ コレクションが発表されている。このコレクションのデザインは意匠として "ï" が刻まれたシンプルなものであるが、ここでは "ï" にただの文字ではなく「ウクライナ人の心を開く鍵」「幸運のお守り」「我々を象徴する自由のシンボル」といった強い意味が込められている。ただのアクセサリーとしてのみならず、身につける人にとっての護符としてウクライナ・アイデンティティとの深い結びつきをもたらすことを目的としたものなのだ。

大粒の原石のインパクトは大

Alona Makukh Jewelry

🅐 Prykrasy　🅚 アクセサリー　🅤 Прикраси
📍 キーウ市
🅔 色々　🌐 https://www.instagram.com/alonamakukh.jewelry/

　Alona Makukh Jewelry もまた 2016 年に立ち上げられたブランドだ。大粒の宝石を使ったデザインが特徴で、特にカットをしていなかったり最小限のカットのみを入れた大きな原石を配した指輪がユニーク。シルバーをベースに、パイライトやアメジスト、マラカイトやクオーツといった様々な鉱物が盛られている。

　創設者のアリョーナ・マクフはもともと抽象画の分野で成功を収めていた芸術家で、国内外の様々な展覧会に作品を出していたが、業界が飽和状態であることに気づいてジュエリーの世界に入ったという。ジュエリー業界の閉鎖性は想像以上だったようで技術を学べる師匠探しには苦労したそうだが、ブランド立ち上げの数年前から鉱石集めを趣味としており、自身がアクセサリーとして指輪しか身に着けないためにこのユニークなデザインが生まれたようだ。販売は Instagram が中心で、製品の特性上決まった鋳型などがなく石に合わせて製品を作ることになるが、クライアントとの密なコミュニケーションを疎かにしないので、1か月待ちとなることがあるにも関わらず西ヨーロッパやオーストラリア、米国からも発注が相次いでいるという。

アジアン過ぎないオシャレなインドアクセ

INDIRA

A Prykrasy　K アクセサリー　U Прикраси
オデーサ州ビルホロド・ドニストロウシキー市
色々　https://indira.ua/uk/　https://indira.ua/uk/35-osnovna-kolekciya

　INDIRA はインド・ジュエリーを販売するウクライナのブランド。製品はウクライナ国内のほかインドでも製造されており純粋な Made in Ukraine ではないが、デザインはすべてウクライナで行われ、これを基にインドの職人が古くから伝わる加工法によって動物の角や骨を独創的で立体的なアクセサリーに仕上げる。デザインと素材の選定から仕上げの研磨までの工程は実に 4〜6 か月をかけて行われるという。素材の呈する美しい模様や質感を活かした、どこかエキゾチックでありつつもシックで、それでいて目を引く華やかなデザインが特徴的。

　INDIRA は 2007 年にウクライナで初めてインド産のアクセサリーを持ち込んだのが始まりだが、ブランドとしての設立は 2014 年になる。ただ持ってきて売るだけでは不十分であることがわかり、東洋的なモチーフをなるべく廃して女性が好むデザインを自分たちで考案するようになったのだ。大ぶりで目立つキャッチーなデザインは服装のアクセントとして取り入れることを想定したもので、自由奔放で自信に溢れ、注目の的になることを恐れず他との違いを好むエネルギッシュな女性を第一の対象としている。

メッセージのこもった愛国的アクセサリー

Titowa Jewellery

🅐 Prykrasy 🅚 アクセサリー 🅤 Прикраси
🅔 色々 🌐 https://www.titowa.com.ua/ ✉ https://www.etsy.com/shop/titowajewelry

　Titowa Jewellery のアクセサリーは伝統的なデザインからの逸脱とメッセージ性の高いモチーフが特徴だ。創設者のカテリーナ・ティトヴァはもともと児童心理学者であったが断念し、その後ジュエリーの世界に入って独創的で個性的なアクセサリーを作り続けている。ティトヴァの全作品の根底にあるのは愛国心で、ドネツク市出身の彼女にとっては特に2014年のロシアによるドンバス侵略とそれにより移住を余儀なくされたことが大きな影響を与えているという。

　Titowa の指輪やブレスレットには言葉が彫り込まれているものが多い。今や決まり文句となった「英雄たちに栄光あれ（Героям слава）」や「君ならできる」「私ならできる」など勇気づけるメッセージのほかに、あえて卑語を刻んだものもある。人気が高いのはペンダントで、ウクライナ各州の形をしたものや、ヴィンニツャやジトーミル、マリウポリの給水塔、ハルキウの温度計といった各地のランドマークをモチーフにしたもの、国家非常事態庁のマスコットとなった爆弾探知犬として活躍したジャックラッセルテリアのパトロンを象ったものなど、愛国心に根ざしたヘッドが多くある。

リーウネ産琥珀で作られるアート

ヤンタール・ポリーシャ

Ⓐ Burshtyn　Ⓚ 琥珀　Ⓤ Бурштин
Ⓐ Yantar Polissia　Ⓤ Янтар Полісся　Ⓞ キーウ市
Ⓒ 色々　🌐 https://yantar.ua/ua　🛒 https://yantar.ua/ua/products

　ヨーロッパで琥珀の産地として名高いのはバルト海沿岸地域とポーランドであるが、ウクライナのリーウネ州で産出する琥珀を取り扱うのがヤンタール・ポリーシャだ。リーウネ産の琥珀は土壌の化学組成によって黄金色や真紅のほかに、特徴的な淡い黄緑色を呈するものもある。天然の琥珀を連ねたブレスレットや彫刻を施したペンダント、シルバーと組み合わせたイヤリングなどのアクセサリーはもちろんだが、ヤンタール・ポリーシャの製品として最も特徴的なのは琥珀の色彩の豊かさを活かした絵画だろう。世界の名画に琥珀を散りばめたり人物画の背景や服装に琥珀を乗せた絵画は独特の味があってゴージャスで美しい（画のタッチに合いやすいからなのか、何故か毛沢東や習近平の肖像画まである）。また、正教会で使用されるイコンを多数扱っており、実際に教会にも納めている。イコンは聖像画と訳され、額縁を通して神や聖人の世界が映し出されているとみなされるためその構図は厳密に定められている。正教会では信仰の媒介として礼拝され、家庭でも守護聖人を映した小型のイコンを神棚のように配置する習慣があるので、琥珀を活用した美しいイコンは需要が高いようだ。

ウクライナを代表する腕時計ブランド

KLEYNOD

🅐 (Naruchnyi) Hodynnyk　🅚 時計　🅤 (Наручний) Годинник
📍 キーウ市
💰 5100〜　🌐 https://kleynodwatches.com/
🛒 https://kleynodwatches.com/category/cholovichi-hodynnyky/

　1997年に設置されたキーウ時計工場が2002年に打ち出した腕時計ブランドKLEYNOD。ブランド名はドイツ語で宝石や宝物を意味する単語"Kleinod"に由来する。ウクライナを代表するブランドとして、マリウポリのイリイチ製鉄所、ビールメーカーのオボロン、航空機のアントーノフ、ウクライナ・オリンピック委員会などが取引先となっている。
　KLEYNODの時計の多くに見られる最大の特徴は、文字盤上で12・3・6・9の4つの数字がウクライナの国章であるトルィズーブィ（三叉鉾）を模した意匠になっていることだろう。ウクライナ製であることが一目でわかる良デザインだ。また、Ukrainian Forceシリーズではウクライナ軍の有する陸軍・海軍・空軍・空挺強襲軍・特殊作戦軍・海兵隊の6軍種それぞれにフィーチャーしたものもあり、思わず揃えたくなってしまうかもしれない。KLEYNODの時計の内部機構にはスイスのRondaとSellitaのムーブメントが使用されており、ケースは316Lステンレス製でIPGメッキとなっている。価格も時計としては手頃なものが多いので、ぜひ入手しておきたいアイテムだ。

第3章

真空管を使ったレトロ×近未来ウォッチ

Nixoid LAB

🅐 (Naruchnyi) Hodynnyk　🅚 時計　🅤 (Наручний) Годинник
💲 $199～　🌐 https://nixoid.store/　🔗 https://nixoid.store/collections/all-products

　Nixoid Lab の腕時計はほかではお目にかかれない、ソ連製の真空管を利用したものだ。そのレトロでありながら逆に近未来的なデザインのウォッチは一度見たら忘れられないカッコよさがある。ソ連製の表示灯は軍事用に開発されたので、信頼性が高くガラスも厚いため耐用性に非常に優れているとされるが、現在に至るまで倉庫に残っていたものを有効活用している。最も見た目のインパクトが大きいニキシー管を利用したモデルのほか、フィラメント管や蛍光表示管を使ったものがある。いずれも USB 充電で、一回の充電でかなり長持ちする。構造は無骨に見えて、耐水でデジタルモーションセンサー内蔵、自動時刻調整やバッテリー残量確認が可能なモデルもある。

　Nixoid Lab はクラウドファンディングで資金を集めて設立されたプロジェクトであり、その製品のユニークさから、ロシアの全面侵攻開始前より日本でもガジェット界隈で注目されていた。2017 年には CampFire を通じて日本だけで $54,000 が集まったという。特徴的かつ優れたデザインでありながら、価格は $199 ～ $700 程度とかなり手頃。

GOTやバイキングの世界観をその腕に

Kristan Time

🅐 (Naruchnyi) Hodynnyk   🅚 時計   🅤 (Наручний) Годинник
🅞 チェルニウツィ市
🅟 $80～   🌐 https://www.facebook.com/KristanTimeWatches/?ref=page_internal
🛒 https://www.etsy.com/shop/KristanTime

　ウクライナにはいくつか木製腕時計のブランドがあるが、ここではチェルニウツィのKristan Timeを紹介したい。ウッドウォッチというと木製というだけでデザイン自体は普通の腕時計とさして変わらないものが多い中、Kristan Timeの製品は『ゲーム・オブ・スローンズ』や『バイキング〜海の覇者たち〜』などをモチーフにしたデザインの彫刻が文字盤に刻まれたスタイリッシュさが特徴。モチーフからして若干中二病的に映るデザインのものも見受けられるが、木製で落ち着いた色合いであるため、身につけていても変に悪目立ちすることはないだろう。また、お好みのデザインの彫刻をオーダーすることも可能だ。

　素材にもこだわりが見られ、樹齢2000〜3000年ほどのミズナラ、クルミの瘤、グレナディラ、サントスパリサンダー、オリーブの瘤など、希少かつ独特の味のある木目を持つ木材が使用されている。高いもので$300を超える程度という低価格ながら、スイス製ムーブメントを搭載しており十分な正確性も備わっている。環境と持続可能性にも配慮が行き届いており、時計が一つ購入されると木を一本植樹する、という取り組みを進めている。

自分スタイルの時計が必ず見つかる

andywatch

A (Naruchnyi) Hodynnyk　**K** 時計　**U** (Наручний) Годинник
◎ キーウ州クリュキウシチナ市
₴ 900 〜　🌐 https://andywatch.com.ua/　🏷 https://andywatch.com.ua/c/rasprodazha/

　これまで紹介してきた腕時計ブランドはメンズ向けが中心であったが、andywatchはレディース製品が主体だ。「夢、現実を創造しよう！」をモットーに掲げる同社は、2014年の設立以降、鮮やかなストラップと独創的なデザイン、文字盤の色とりどりの絵柄を強みとしている。モットーどおりに使用者の好みやムード、夢を最大限反映することが目指されており、独創的なスタイルを通じて人々が自分自身を表現する手助けとなることが念頭に置かれている。そのデザインは非常に多種多様で、文字盤の絵柄もエレガントなものからスタイリッシュなものやコミカルなものまで、自身のセンスに応じて選ぶことが可能だ。また、シーズンごとにトレンドカラーを取り入れたレザーストラップが作成されており、世界のファッショントレンドに合わせたコレクションが順次発表されている。
　同社は環境への配慮についても意識が高く、適切な処分やリサイクル向けに、古くなった時計や使用済みの電池の回収を常に受け入れているほか、定期的にエコ・キャンペーンを開催して廃棄物ゼロのライフスタイルに関する啓発活動も進めている。

古代から受け継がれるフツルの工芸

KLAMRA

A Metalovi aksesuary　**K** 金属製品　**U** Металові аксесуари
O リヴィウ市
e 色々　**W** https://klamra.com.ua/　**S** https://klamra.com.ua/shop/

　KLAMRA が手掛けるアクセサリーは華やかさやエレガントさからかけ離れた、男らしく無骨なデザインだ。取り扱うのは真鍮製のベルトやバックル、燭台、櫛などユニーク。その根底にあるのはエトルリアやヒッタイト、フィン、そして古スラヴ文化に見られる、銅や真鍮、青銅を用いたモシャジニツトヴォ（мосяжництво）と呼ばれる工芸品文化だ。モシャジニツトヴォはウクライナでは東部カルパチア、特にフツル人の文化に見られる。ルーシやコサックの時代から受け継がれる愛国心が込められたブランドだ。製品は日本で一時期ブームとなったメンズ向けのシルバーアクセサリーのような、一見ギラついたゴテゴテ感があるものが多いが、その意匠はいずれも深い伝統に根ざすものでありウクライナの伝統と力強さが感じられる象徴的なものだ。普段身につける実用品としてではなくともお土産や調度品としても適していると言ってよいだろう。
　元々は創設者が鋳造を趣味としていたことから始まったブランドだが、ウクライナ軍の特殊作戦軍を始めとする各種部隊とも協力しており、軍種ごとのスローガンをデザインに取り入れたベルトのバックルを提供している。

自然と一体になれるレザーブレスレット

LUY

A Shkiriani aksesuary **K** 革製品 **U** Шкіряні аксесуари
₴ 380 ～ 🌐 https://www.luy.com.ua/ 🛒 https://www.luy.com.ua/store/

　革製品というとバッグやベルトなどの実用品が多めな印象だが、LUYはレザーブレスレットを中心に展開している。自然との一体感と原点回帰を意識したユニークなブレスレットは、現代社会では外観が美しいだけではなくユーザーの個性や独自性を際立たせることが重要である、とのコンセプトで作られている。素材もこだわり、レザーは手間がかかるタンニンなめしで使い込むほど味が出る。また多くのレザーブランドが外国産の金具を使用しているところ、LUYは自社製の真鍮金具を使っている。カラーバリエーションも豊富なので、自分のスタイルにピッタリのものが見つかるだろう。

　LUY N1はスッキリとしたデザインで、アーバンやカジュアルなスタイルに最適。スリットの入ったLUY N5も軽快なデザインだが、日常のみならず特別な日のスタイルにもさりげないアクセントを添えてくれる。いずれもそれぞれ一重巻きと二重巻きの2種類があり、一重巻きはよりスタイリッシュ、二重巻きはよりエレガントだ。N9シリーズは幅広でアシンメトリーなデザインが特徴的で、着色されていない革地には植物や鳥のシルエットがプリントされている。

便利でコンパクトなレザー小物の数々

Mastak

🅐 Shkiriani aksesuary　🅚 革製品　🅤 Шкіряні аксесуари
　🌐 リヴィウ市
🎨 色々　🔗 https://mastaklviv.com/　🛒 https://mastaklviv.com/leather-accessories/

　バッグの項で紹介したMastakは、革専門の工房としてほかにも様々なレザー製品を取り扱っている。ユニセックスなデザインの汎用財布「ダブル」は総革製でありながら2つに別れた紙幣入れ、コイン入れはもちろんカード・名刺入れも備えているが、ポケットに収まりやすいコンパクトさだ。パスポートウォレットは縦長の折り財布で、IDやパスポートを収めておける便利なデザイン。こちらも分厚くなくスッキリと小ぶりでありながら収納力抜群だ。また更に縦長の折り財布であるトラベルケースは、現金やパスポートのほかに航空券やバウチャー、保険証など、旅行に必要なものすべてが一つに収まるスグレモノ。日本ではあまり見かけないマネークリップも本革製で、少しの紙幣と数枚のカードを入れるだけで余計なものが一切ない実用的なデザインとなっている。
　この他にメイクポーチやメガネケース、キーケース、またなんとノートPCケースまであるが、外国人として購買欲をそそられるのがパスポートケースだろう。デザインはウクライナの国章であるトルィズーブィが刻印された非常にシンプルなものだが、その分革の質感と相まって非常にかっこいい。

メンズ向けレザーアクセサリーが充実

POELLE

Ⓐ Shkiriani aksesuary　**Ⓚ** 革製品　**Ⓤ** Шкіряні аксесуари
Ⓞ リヴィウ州ホロドク市
Ⓒ 色々　**Ⓗ** https://poelle.ua/　**Ⓜ** https://poelle.ua/product-category/for-man/purse/

　先に紹介した POELLE は男性向けのレザー・アクセサリーを多く展開している。バッグと同じく高級レザーを使用し、また金具には日本製やイタリア製のものが使われており、どれも細部までこだわった製品だ。メンズのベルトはジーンズにもクラシックなスラックスにもマッチし、完璧なルックスを提供してくれる。Boston Wallet シリーズの財布はボタン開閉の長財布で、スタイリッシュな外観でありながら紙幣やカードなど必要なものをすべて収納できる。ラップトップケースにはカーフスキンが使用され、内側には防水ライニングも施されている。デザインもシンプルでシーンを選ばないので、ビジネスに限らず日常的にノート PC を持ち歩く方にはオススメ。個人的に推したいユニークなアイテムは、男の必須アイテムであるカミソリを収めるレーザーケースだ。マジックテープ式でどのモデルにもフィットし、革製のため高級感もあるので、出張などの際にはシェーバーではなくあえてこれにカミソリを入れて持って行くと「デキるオトコ」の気分になれるかもしれない。
　小物類にはメンズアイテムの多い POELLE であるが、現在レディースのコレクションも積極的に発表している。

小物がたくさんのハンドメイドレザー

Boorbon

🇦 Shkiriani aksesuary　🇰 革製品　🇺 Шкіряні аксесуари
📍ハルキウ市
🎨色々　🌐 https://boorbon.com/　🛒 https://boorbon.com/aksessuary/

　Boorbon は 2015 年に誕生したレザー製ブランド。職人や工房の価値観、品質に関する哲学、ミニマリストの美学、個人の尊重、自分らしくいる権利を重視しており、世界でひとつだけのハンドメイド製品を顧客に届けることをコンセプトにしている。

　バッグ、リュック、財布、ベルトといった革製品ももちろん高品質なものが揃っているが、Boorbon の特徴は本書で紹介しているほかのレザー製品メーカーではあまり見られない小物を多く作成している点だ。例えばナチュラルレザー製のブックマーカーはハート型やアーチ型でページの角に挟むタイプで、追加料金で好きな文字を入れるなどのカスタマイズが可能。今の時代に助かるのはケーブル入れで、USB ケーブルなど 3 本を帯状のスリットに収納でき、プラグを入れるためのポケットもついている。ロールアップなので開閉や取り出しも楽だ。小銭入れは面白い形で、閉じると三角形のフォルムがかわいらしい。このほか箱ティッシュケースや鍵置きなどに使えるトレイ、コースター、有線イヤホンケースなども革製ながら気取りすぎないデザイン。また、少しマニアックなものとしてはシャグポーチ（葉たばこ入れ）もある。

お手頃価格でユニークなフレグランスを

Couture Parfum

🇦 Dukhy　🇰 香水　🇺 Духи
📍 スーミ市
💰 1500〜　🌐 https://coutureparfum.com.ua/　🛒 https://coutureparfum.com.ua/#furniture

　Couture Parfum はウクライナの調香師であるユーリーとオレーナのツプルン夫妻が長年の経験と世界的なトレンドの知識を基に立ち上げたニッチパフューム・プロジェクト。その香りは現代的なニッチ・フレグランスに斬新なテイストを加えたもので、自社工場によって生産コストを下げ手頃な価格でユニークな香水を提供することができている。

　ラインナップのなかではユニセックスの Parfait、Red Crystal、Wild Blossom などが代表的。Parfait の香りのベースは甘いタバコとベチベルソウで、野草のエアリーな香りとアクセントに、少しビターだが滑らかでミルキーなシリアルとヘーゼルナッツのアコードが魅力的。Red Crystal のフレグランスは明るく情熱的で、サフランと樹脂のシャープなトップノートからストロベリーとラズベリーを伴うカラメルの甘い香りに変わり、アンバーとホワイトシダーの香りが長く続く。Wild Blossom はその名のとおり咲き誇る庭園を思わせ、ネクタリン、ピーチ、ライチのフルーティさから繊細なピオニーや官能的なジャスミンの香りが現れる。

自然にインスパイアされた香水ブランド

Trip:Tych

🅐 Dukhy　🅚 香水　🅤 Духи
📍 キーウ市
💰 2900 〜　🌐 https://triptychnature.com/
🛒 https://triptychnature.com/collections/all?filter.p.m.custom.collection=aroma

　Trip:Tych は自然からインスピレーションを受けたフレグランスを特徴とするニッチパフューム・ブランド。ブランド名は古典ギリシャ語で「三重になったもの」また転じて「三翼祭壇画」を意味するトリプテュコスに由来し、ブランドの核は、女性的な陰のエネルギーで戻りまた始まるという循環を象徴する NENUPHAR、男性的な陽のエネルギーで生長、自己発見、進化を表す TURRITELLA、バランスと一体性、調和と統合を体現する BERGAMOT という3つの要素から成り立っているという。NENUPHAR と TURRITELLA は香水の名称ともなっているが、同社の最初の香水である前者は夏に池に咲く黄色いスイレンにインスパイアされており、生土、コケ、クルミ、アイリス、タバコなどの親しみやすくもエキゾチックな14のノートで構成されている。

　このブランドのもう一つの特徴は容器で、超強靭かつ超軽量の航空アルミ合金によって香水を保護している。その形状は調香師がカルパチア山脈で見つけたスイレンの蒴果（果実の部分）を原型として開発されたものだ。ハンドメイドのボトルは独立したオブジェといえインテリアとしても活用できる。

コラム3　ウクライナ語とロシア語

「ウクライナ語とロシア語は似ている」とよく言われる。言語同士の「近さ」については定量的に測るのが難しく、また「近さ」の視点を純粋に言語的特徴に置くのか、地理的、社会的な側面とするのかによっても大きく異なる。2014年のロシアの侵略開始、そして2022年の全面侵攻以降、この2言語は社会言語学的な観点（つまり、社会の中で言語がどう扱われているか）で注目されることが多いが、ここではあくまで言語としての関係性について紹介する。

ウクライナ語とロシア語は共に英語やフランス語、ペルシャ語などと同じインド・ヨーロッパ語族（印欧語族）に属する。この2言語が属するのは印欧語族のうちスラヴ語派。スラヴ語派はさらに東、西、南の3グループ（語群）に分けられ、ウクライナ語とロシア語はどちらも東スラヴ語群に含まれるとされる。この東スラヴ語群にはさらにベラルーシ語が属している（カルパチア山脈周辺などで話される「ルシン語」を個別言語としてここに含めることも多い）が、これらの言語は同系統とされるだけあって語彙も文法的な構造もよく似ている。下記はこの3言語による世界人権宣言の冒頭の一文で、逐語訳を見ればほとんど全く同じ構造であることが分かる（色分けは品詞による）。キリル文字が読めなくとも似た単語が多いことにも気がつけるだろう。

露: Все люди рождаются свободными и равными в своем достоинстве и правах.
ウ: Всі люди народжуються вільними і рівними у своїй гідності та правах.
ベ: Усе людзі нараджаюцца свабоднымі і роўнымі ў сваёй годнасці і правах.
逐語訳：全て 人々 生まれる(3複現) 自由(複造)と平等(複造) ～において 自分の(単前) 尊厳(単前)と権利(前)
和訳：すべての人間は、生まれながらにして自由であり、かつ、尊厳と権利について平等である。

広く受け入れられている説では、「東スラヴ語群」の名のとおり、ルーシの時代あたりにこの3（または4）言語の大元となる「東スラヴ祖語」が存在し、そこから東の辺境地帯で話されていた方言が分化してロシア語に、ルーシの中心地域周辺はのちのリトアニアやポーランドの影響下に置かれたことで「ルテニア語」となってのちにウクライナ語とベラルーシ語に分かれた、とされる。主にロシアのナラティヴである「ウクライナ語とロシア語は同じ」や、民族と言語が密接な関係にあることから「ウクライナ人とロシア人は兄弟民族」とするナラティヴも「元は同じ東スラヴであり、ロシアこそが東スラヴ＝ルーシの継承者」という考えによるものだ。この視点はそもそも「ロシア」という国名が「ルーシの地」として名づけられていることからも窺える。ただし上記のとおりウクライナ語・ベラルーシ語とロシア語とはその辿ってきた歴史が異なっている。正教会の一大勢力となったモスクワを中心に発展していったロシア語には、聖書を翻訳するためにスラヴ系言語として初めて文字化されその後正教会の典礼言語となった南スラヴ語群の古語である「古教会スラヴ語（OCS）」の語彙が多数流入している。対してカトリック国家の勢力下におかれたウクライナ語やベラルーシ語では古教会スラヴ語の要素は比較的薄く、西スラヴ語群であるポーランド語と共通する語彙が多い。下表の上段は語彙の違いを示している。ウクライナ語とベラルーシ語はポーランド語と同じ語源、ロシア語はOCS直系の娘言語とされるブルガリア語と同じ語源の単語を用いるものが多い。

"attention"	uwaga	увага (uvaha)	увага (uvaga)	внимание (vnimanije)	внимание (vnimanie)
"receive"	otrzymać	отримати (otrymaty)	атрымаць (atrymats')	получить (poluchit')	получа (polucha)

					OCS		スラヴ祖語
"sweet"	słodki	солодкий (solodkyj)	салодкі (salodki)	сладкий (sladkij)	сладъкъ (sladъkъ)	сладък (sladăk)	*soldъkъ
"flat, equal"	równy	рівний (rivnyj)	роўны (rowny)	ровный/равный (rovnyj/ravnyj)	равьнъ (ravьnъ)	равен (raven)	*orvьnъ

　下段では語群ごとの音変化に着目してほしい。sweet を意味するロシア語は南スラヴ語群の音声特徴が表れた -la- という形を用いる。また flat, equal についてはロシア語では東スラヴ語的な形（ровный）と南スラヴ語的な形（равный）が併存している。ここで面白いのは、ロシア語では概ね、東スラヴ語的な形が flat という物理的な意味、南スラヴ語的な形が equal という抽象的な意味としてそれぞれ使い分けられている点だ。本書執筆時点のウクライナとロシアの大統領はゼレンスキーとプーチンだが、この二人のファーストネームであるヴォロディーミルとウラジーミルは実は同じ名前のウクライナ語版とロシア語版で、ゼレンスキーはウクライナのメディアでもロシア語では「ウラジーミル」と呼ばれるし、プーチンはウクライナ語メディアでは「ヴォロディーミル」だ。前者は東スラヴ語的、後者は南スラヴ語的な形だが、ロシア語ではこのように人名や地名、そして学術的・公的な用語などの高級語彙は「権威ある」古教会スラヴ語に由来する形が用いられる傾向にある。

　さて、ここまで「東スラヴ語群」というものを前提に説明してきたが、実は「東スラヴ祖語」の存在や位置づけに疑問を呈する説も多くの学者から出されている。例えばロシアの言語学者である A.A. ザリズニャクは、スラヴ語全体で見て少々異質な特徴を持つ古ノヴゴロド方言の研究を進める中で、時代を追うにつれその独自の特徴が徐々に失われてモスクワの方言に近づいていくことなどから、「東スラヴ地域の言語は大きく『北』と『中央』の方言グループに分けられ、ウクライナ語・ベラルーシ語は中央方言を継承し、ロシア語は北西方言・中央方言の収束によって発生した」との説を唱えている。つまり、ウクライナ語・ベラルーシ語とロシア語とでは発生からしてより大きく異なるのではないか、ということだ。また、ロシアの G.A. ハブルガエフやウクライナの Yu.V. シェヴェリョフなどは「単一の『東スラヴ祖語』など存在せず、後期スラヴ祖語直系の複数の方言がルーシの成立による東スラヴ諸部族の合流によって収束、変容し、現代のウクライナ語、ベラルーシ語、ロシア語となった」との説を唱えている。シェヴェリョフの説では方言グループが 5 つあり、便宜上 A～E とすると、ウクライナ語は A と B が合流、ベラルーシ語は B と C が合流、ロシア語は C と D と E が合流して生まれたとしている。

　ウクライナでは「ロシア語はウクライナ語と同じスラヴ系言語ではあるが、この 2 言語の差異はかなり大きい」と考える人も多く、これにはもちろん政治的・感情的な背景があり得ることは否定できない。しかし、「東スラヴ祖語」を疑問視するザリズニャクやシェヴェリョフらの説もあながち珍説というわけではなく、一定の根拠や説得力があることには留意するべきであろう。

第 4 章

アパレル

実はアパレル大国でもあるウクライナ。本章ではウクライナの伝統衣装を美しく、かわいく、かっこよく現代的に再現したヴィシヴァンカ、ウクライナの意外な得意分野であるランジェリー、そしてフットウェアやスカーフ、ネクタイなどを紹介していく。多くのブランドに共通するのは、それぞれ独自の確固たるフィロソフィーがあることだ。その素晴らしいデザインのみならず、ブランドの理念や設立背景にも注目いただきたい。

日常的に着られるファッショナブルな伝統衣装

Varenyky Fashion

🅰 Vyshyvanka 🅺 ヴィシヴァンカ 🆄 Вишиванка
📍 キーウ市
💰（メンズ）12,500 ～（レディース）17,500 ～
（キッズ）7800 ～ 🌐 https://varenykyfashion.ua/
🛒（メンズ）https://varenykyfashion.ua/product-category/cholovikam/
（レディース）https://varenykyfashion.ua/product-category/zhinkam/
（キッズ）https://varenykyfashion.ua/product-category/ditiam/

　ウクライナの民族衣装ヴィシヴァンカは「刺繍されたもの」を表し、その刺繍の伝統は非常に長い。最も古いものでは新石器時代の陶器片の模様にその萌芽が見え、紀元前1世紀のサルマタイ人女性の埋葬品には12世紀に普及した技法による刺繍がすでに見られるほか、チェルカーシ州で発見された6世紀の男性を象った金属像からは現代の男性用ヴィシヴァンカと同様に胸元に刺繍のような文様が見られる。刺繍の意匠にはそれぞれ呪術的な意味があったと考えられており、幾何学模様は自然や土地の豊かさ、草花は家庭の幸福や母性愛、動物は種類によって忠実や繁栄、長寿などを表したという。

　ヴィシヴァンカの歴史でひとつの転機となったのは19世紀で、各家庭で縫わずともいつでも専門の職人に発注できるようになったため着用の機会が広がった。この頃、民族解放運動に大きな影響を与えた国民的作家イワン・フランコがヴィシヴァンカを日常着としてジャケットと組み合わせる着こなしを知識層に広め、現代の政治指導層もこの習慣に倣い、重要

真っ白でかわいらしいワンピース

伝統に近くもスタイリッシュなデザインのソロチカ

こちらのソロチカはヴィシヴァンカとしては新しいパウダーピンクの生地

メンズのソロチカもシーンを選ばないカッコよさだ

な催しなどで正装として着用している。20世紀前中期のウクライナ解放に向けた闘いとこれに対する弾圧の中でもヴィシヴァンカは生き続け、独立以降はウクライナ民族のアイデンティティと愛国心の象徴となっている。

　最近では「民族衣装」感が比較的薄いファッショナブルなヴィシヴァンカを取り扱う専門ブランドが多数あるが、Varenyky Fashion もその一つだ。高品質の天然素材と手作業にこだわっており、生地の色も定番の黒や白、赤の他にインディゴやパウダーピンクなどバリエーションに富む。刺繍の意匠は民族学者に助言を求め、古くからの模様の意味づけに基づいて着用者を守ったり、思い出やエネルギー、力を象徴するものが使用されている。その日の気分や予定によって特別な意味を込めたものを選ぶことができるだろう。レディースの製品はワンピースタイプのドレス（сукня）とソロチカ（сорочка、上半身のみのシャツ）があり、いずれも生地と刺繍それぞれが色鮮やかで映えるものから、落ち着いた色合いの生地に刺繍の主張がさり気なく日常着に適したものまで取り揃っている。メンズのソロチカはビジネスシーンでも使える色合いで、刺繍が首元から裾まで伸びているのが特徴的。なお一般に男性のソロチカはスリーブが直線的なのに対し、女性のソロチカは腕元がゆったりと広がる。

自分の道を拓くユニークなヴィシヴァンカ

Gaptuvalnya

🅐 Vyshyvanka　🅚 ヴィシヴァンカ　🅤 Вишиванка
🅞 イヴァノ＝フランキウシク市
🅟 （レディース）7300 ～ （メンズ）8000 ～　🌐 https://gaptuvalnya.com/
🛒 （レディース）https://gaptuvalnya.com/product-category/zhinkam/bluzy/
（メンズ）https://gaptuvalnya.com/product-category/cholovikam/sorochky/

　イヴァノ＝フランキウシクを拠点とする Gaptuvalnya は、祝日だけでなくどのようなシーンでも伝統的なヴィシヴァンカを着るのが当たり前になることを目指したブランドだ。ガプトゥヴァリニャ（ґаптувальня、またはハプトゥヴァンニャ/гаптування）とは金糸や銀糸を使った刺繍の技法のひとつで、その元となる動詞のガプトゥヴァティ（ґаптувати/гаптувати）は「金銀の刺繍を施す」の意味のほかに「踏みしめる」や「自身の道を敷く」という比喩的な意味もあるそうで、これを企業理念の基礎としているのだという。このブランドのコレクションはウクライナ西部の高原帯であるオピッリャ地方の伝統衣装からインスピレーションを得たもので、一枚の服に 2 つの要素を組み合わせることでユニークかつ華やかなデザインを生み出している。

　レディースのソロチカは民族色をしっかり出しつつもオシャレなものや、刺繍が袖のみに入りトルソーが無地という華やかでありながら邪魔にならないスッキリとしたデザインのものなどがある。ほかにもドレスやレディースジャケットなどかわいらしいものからシックなものまでバリエーション豊富。

第 4 章

自由な気風から生まれた現代ヴィシヴァンカ

Etnodim

🅰 Vyshyvanka 🅺 ヴィシヴァンカ 🇺 Вишиванка
📍 キーウ市
💰（メンズ）5200〜（レディース）4800〜（男の子）2600〜（女の子）2500〜
🌐 https://etnodim.ua/　🔗（メンズ）https://etnodim.ua/cholovikam
（レディース）https://etnodim.ua/zhinkam（キッズ）https://etnodim.ua/ua-dityachi-vishivanki

　Etnodim は様々な立場のや環境で生きる社員たちが様々な角度から自由に意見を述べて、ユニークで魅力的なソリューションを見出すことを理念としたキーウ拠点のブランド。2023 年夏に発表されたニューコレクションはイワン・ホンチャル博物館とのコラボレーションで、18－20 世紀に実際に用いられていた刺繍の研究を基に、ひし形と光条模様が特徴的なポリッシャ紋様のジトーミル州マリンのドレス、ポルタヴァ式サテンステッチの施されたオピシュニャのソロチカ、ヴィンニツャ伝統のひし形と八芒星を組み合わせた幾何学紋様が複雑なヴェレミイの男性用ソロチカなど、ウクライナ各地のヴィシヴァンカを再現している。同社のサイトで閲覧可能なので、地域ごとの刺繍文化に関心があるならざっと一覧してみるのも楽しいだろう。
　レディースのヴィシヴァンカは現代的なコンセプトを反映したユニークなデザインで、どちらかと言えばかわいらしい印象のものが多い。高品質のリネンで作られたヴィシヴァンカは着心地が良く日常生活での着用にも適している。メンズのソロチカには力強さ、故郷の地や自然との繋がりを意味する刺繍が施されている。

アパレル

「エセ伝統」を許さない愛国ブランド

Svarga

🅐 Vyshyvanka 🅚 ヴィシヴァンカ 🅤 Вишиванка
📍 リヴィウ市
💰（レディース）2510〜（メンズ）2820〜（キッズ）2740〜 🌐 https://svarga.ua/
🔗（レディース）https://svarga.ua/zhinkam/vyshyvanky-zhinochi/
（メンズ）https://svarga.ua/cholovikam/
（キッズ）https://svarga.ua/dityam/

　Svargaもまた伝統と現代のギャップを埋めることをコンセプトにしたブランドだが、ウクライナの刺繍文化の伝統の歪曲や「シャロヴァルシチナ」に真っ向から反対し戦う姿勢を特に強く打ち出している。シャロヴァルシチナとは模倣的でステレオタイプな、実際の伝統と異なる「ウクライナ文化」の描写を指す用語。ソ連政府はメディアを通じて意図的にウクライナの文化や伝統を「舞台衣装化」してきたが、一部のウクライナ人ら自身にも定着してしまったこうした「エセ伝統」は、本来の伝統を破壊し「農民やコサック発祥の『小ロシア』文化は未熟で低俗なものである」との意識を植え付けるものだとして批判されている。Svargaは2022年以降、軍民双方へのチャリティを積極的に進めており、「ヴィシヴァンカを着ること自体が防衛者への感謝の表れだ」としている。
　一般にメンズのヴィシヴァンカは全体のデザインやシルエットがどうしても限られてくる（ボタンがあるかないか、タッセル付きか程度）が、Svargaでは生地色の選択肢や刺繍のバリエーションが豊富でいずれもビジネス、カジュアル、クラシックなどあらゆるシーンに合う汎用性の高いデザインが特徴。

肩の後ろに翼を感じる人のために

Aviatsiya Halychyny

🇦 Odiah 🇰 衣類 🇺 Одяг
🇺 Авіація Галичини 🇴 リヴィウ市
₴ 850 〜　🌐 https://www.aviatsiyahalychyny.com/
🛒 https://www.aviatsiyahalychyny.com/shop/

　「ハリチナ（ガリツィア）の航空部隊」を意味する Aviatsiya Halychyny は、ウクライナ軍にインスパイアされたミリタリー・ファッションのブランド。「自由」がテーマとして強く意識されており、キャッチフレーズである「肩の後ろに翼を感じる人のための服」にもそれが表れている。2014 年に始まるロシアの侵略に対して国境を守る軍に敬意を表して、ウクライナではミリタリー・スタイルがトレンドとなったが、多くの製品は品質やメッセージ性に欠けたものであったという。このニッチを埋めるべく 2015 年に生まれたのが Aviatsiya Halychyny だ。リヴィウ、オデーサそしてキーウにショップを展開するこのブランドはオレクシー・レズニコウ元国防相や国民人気の高いミコライウ州知事のヴィタリー・キム、テレビ司会者で慈善活動家のセルヒー・プリトゥラなど著名人からの支持も厚い。
　カジュアルに着こなせる T シャツは 850 フリヴニャから。また、航空服のデザインを取り入れたパーカーやジャケット、ポケットが多数ついている実用的なベストなども人気が高い。メンズだけでなくレディースやキッズ製品も充実。

国内外で展開する有名下着ブランド

JASMINE

A Bilyzna (zhinocha)　**K** ランジェリー　**U** Білизна (жіноча)
O ヴォーリニ州ルーツク市
₴ 299 〜　https://jasmine.ua/ua/　https://jasmine.ua/ua/catalog/byustgalter

　ウクライナ製品を紹介する上で外せないのが女性用下着である。実は、ウクライナは高品質でデザイン性に優れた製品を CIS 圏のほか欧米にも送り出すメーカーを多数有するランジェリー大国でもあるのだ。
　まず紹介する JASMINE はウクライナでも代表的なブランド。エンドユーザーから直接フィードバックを受けてデザインやフィット感が改良され続けてきた JASMINE のランジェリーは自社工場によるフルサイクル生産で、縫製機器は日本の JUKI やイタリアの CIF RIMOLDI、デザインソフトにはフランスの LECTRA を使用しており、細部にいたるまでクオリティにこだわっている。
　製品はいずれも最新のトレンドに沿って最良のソリューションを提供しており、日常的にも特別な日にも素敵に着こなせる様々なタイプのレースブラやバストを強調するプッシュアップブラのほかに、女性的な美しさを際立たせるボディスーツも多く取り扱っている。いずれもファッショナブルでありながら高品質素材で快適、更に値段もお手頃。ネグリジェなどのナイトウェア、水着も多数販売しており、JASMINE 一店舗だけでほとんどなんでも揃っ

ボディスーツもセクシーなものが多数揃っている

スイムウェアはシンプルながらおしゃれでゴージャスなデザイン

ナイトウェアも充実。ガウンの他にネグリジェやナイトドレスも

縫製には日本のJUKIも使われている

てしまうだろう。

　企業としての成長は順調で、2016年に市場に参入して以降、ウクライナ全国70箇所以上に店舗を有し、ポーランド、サウジアラビアやカザフスタン、ベラルーシにも進出、世界に1000社ほどの卸売パートナーを有している。その人気と広範な販売戦略が裏目に出て、2022年のロシアの全面侵攻開始当初はロシアとの取引の疑いがあるとしてSNS上で批判を受けることもあった。ロシア向けサイトや露エカテリンブルクにブランド・ショップが見つかったり、Wildberriesなどのロシアの通販サイトでもJASMINEの下着が注文できる状態にあったとされる。また多くのウクライナ企業が全面侵攻開始後即座にロシアとの取引を停止するなど明確な方針を打ち出していた中で、宣伝に戦争を使いたくないという理由でJASMINEが少々出遅れたことも疑念を深めたようだ。同社の発表によればこれまでにロシアの企業からオファーは多数あったものの2014年の最初の侵略以来ロシアに輸出をしない方針であるというが、真相や是非はさておいても、こんな騒動になったのもJASMINEの国内外での強い人気と影響力によるものであることは間違いないだろう。

ショーツに特化したオンラインショップ

Pantiesbox

A Bilyzna (zhinocha) **K** ランジェリー **U** Білизна (жіноча)
O オンライン
💰 250〜 🌐 https://pantiesbox.com/uk 📧 https://pantiesbox.com/uk/catalog/multicolor

　Pantiesboxはその名のとおり下着の中でも多種多様なショーツを主力とするオンラインブランド。賑やかな原色のプリントが入った明るいデザインのものからレースの入ったムードのあるものまでそのバリエーションは非常に広いものとなっている。カタログのモデルには様々な体型の女性を起用している。いわゆるプラスサイズモデルもおり、こうしたモデルに対して心無い言葉が集まったこともあったが、この経験を基に社会問題を提起して伝統的な「美」の基準からの脱却を訴えた社会派ブランドでもある。実際、Pantiesboxのカタログページを見ればモデルたちがその体型に関係なくいろいろなショーツをかわいく、かっこよく、美しく着こなしているのがわかるだろう。

　その設立当初の最大の特徴は、定額料金で3点の下着が毎月届くというサブスク方式の導入であった。このビジネスモデルは成功を収めて注目を浴びたが、コロナ禍で生地の仕入先が倒産し工場が閉鎖されたことで2021年以降はサブスク方式を中止している。他方でこの機会にオリジナルのプリントを施すことでブランドのユニークさはむしろ増しており、顧客からの需要も衰えていないという。

すべての女性に快適な着用感を提供

brabrabra

A Bilyzna (zhinocha)　**K** ランジェリー　**U** Білизна (жіноча)
O キーウ市
₴ 569 〜　🌐 https://brabrabra.ua/　📷 https://brabrabra.ua/byustgaltery/

　brabrabra は 2016 年に生まれたブランドで、キャッチフレーズの「快適さナンバーワン」のとおり、A 〜 J カップまでのサイズが揃ったコンフォート・ランジェリーを展開している。何よりも重視されているのは、自分の身体の尊重とそれに合った正しいランジェリー選びの重要性を顧客に伝えることだ。また、どのようなサイズでもデザインと品質の双方を損なうことのないように配慮されている。

　愛国ブランドでもあり、2014 年に始まるロシアの侵略、そして 2022 年の全面侵攻に際しては、不安と危険、あらゆる支援や安定性の欠如をその身に感じた女性たちを支えることを目標に掲げている。brabrabra 自身も 2022 年 2 月 24 日以前は国内に 48 の店舗を有していたが、侵攻によってそのおよそ半数が廃業せざるを得ない状況に陥った。しかし、経営陣には 2014 年の事態の経験をよく記憶している者がいたため、戦争が起きた場合に社の経営と物流、ブランドの維持、従業員の支援を行うための「プラン B」がいくつか用意されていたという。すべてがプランどおりに動いたわけではなかったが、これによってかなりの短期間で業務の再開が可能となったのだ。

なりたい自分を助けるミニマリストブランド

U-R-SO

🅐 Bilyzna (zhinocha)　🅚 ランジェリー　🅤 Білизна (жіноча)
📍 キーウ市
💲 680〜　🌐 https://ua.u-r-so.com/pages/about-us　🛒 https://ua.u-r-so.com/collections/all

　ラナ・バラバノヴァをはじめとする4人組の趣味が高じて2016年に生まれたランジェリーブランドU-R-SOは、抑えめな色使いと最小限の装飾、最小限の縫い目など、ミニマリストの精神に基づいたデザインが売りだ。プッシュアップや金属部品、フォームラバーを使わず、天然素材かリサイクル・ナイロンを使用したブラやショーツはアウトドアやスポーツにも向く。洗練された無駄のないデザインが特徴で、落ち着いたベーシックなものから魅惑的な外観のものまで幅広いラインナップを有している。そのコンセプトは、女性の体を解放し、快適さはもちろん、なりたい自分になるための選択肢を与えるためのアイディアを提供することである。ブランド名も「you(U) are(R) so」を意味する。
　オーガニックコットン・コレクションはブラックとライトアイボリー、グレーの3色で、ナイロン製のゴムバンドを使わないデザインとなっている。使用されるコットンには栽培、収穫、織布、染色の全段階において農薬や殺虫剤といった有害物質を使わず、アンモニアや塩素といった化学薬品による処理も経ていない。耐久性も高く、色褪せや弾力性の低下がほとんど起こらない。

世界を魅了するデザインのランジェリー

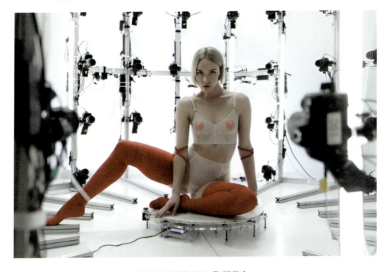

ZHILYOVA

🅐 Bilyzna (zhinocha) 🅚 ランジェリー 🅤 Білизна (жіноча)
📍 キーウ市
💰 1500～　🌐 https://zhilyova.com/　📷 https://zhilyova.com/lingerie

　ウクライナ人デザイナーのヴァレリヤ・ジリョヴァが2014年に立ち上げたブランドZhilyova Lingerie は、快適さもありつつセクシーさとオリジナリティを追求したデザインを特徴とする。伝統的な枠組みを超越した発想のもと、慣習や規則から解放された自由を体現するランジェリーを生み出しており、デザインとクラフトを融合させ特別な体験を提供している。その大胆で美しく、丹念に作り込まれたデザインは、着る者に自信と個人の表現のチャンスを与えてくれるだろう。海外でも広く知られる人気ブランドで、これまでにL'Officiel、XXL、Elle、Cosmopolitan、Playboyなどの世界的な雑誌の表紙を飾っている。
　コレクションは「女性らしさと自由の新たな側面を明かす宇宙」との発想からUniverseと呼ばれ、明るい星と神秘的な月からインスピレーションを得たレッド、アッシュブルー、シーソルトの3カラーで展開されるEX MACHINA、些細なことが人生を一変させるというバタフライ・エフェクトに着想を得たCHAOS THEORY、伝統を捨て去ったウェディング風ランジェリーのTAKENなどがある。

最新トレンドの若者向けブランド

DARI CO

🇦 Zhinochi topy　🇰 トップス（レディース）　🇺 Жіночі топи
📍 ヴィンニツァ州イッリンツィ市
₴ 700 〜　🌐 https://darico.com.ua/　🛒 https://darico.com.ua/odezda/tops/

　水着やボディスーツに特化したDARI COは、女性の身体の自然なラインを最大限に強調し、動きやすさを実現する生地を使用したデザインを特徴としている。そのコレクションの多くは若い世代をターゲット層とし、ファッション界の最新のトレンドを取り入れつつ、軽量で高品質な素材を使用した快適な製品づくりが目指されており、価格もお手頃。カラーはどんな色にも合わせやすいブラック、ホワイト、ベージュ、レッドといったものから、優美なエメラルド、ブラッドレッド、ソフトピンク、ソフトブルー、ダークウルトラマリンなどがあり、実用的で何シーズンも着られるようなアイテムが多数揃っている。

　アシンメトリーなデザインのワンショルダー・クロップトップはトレンドに敏感な現代女性にぴったりだ。開いた肩からのラインによって魅力的なデコルテラインが際立ち、また伸縮性のある生地が身体にぴったりフィットして体型を美しく、魅力的なものにしてくれる。マットなコットンニット生地は通気性抜群で、湿気を効果的に吸収し、低刺激素材のため肌にも優しい。ファスナーや金具を使用していないシンプルなデザインだが、その分エレガント。

カラフルなスポ〜ティアンダーウェア

SCOWTH

A Bilyzna　**K** アンダーウェア　**U** Білизна
📍 キーウ市
💰（メンズ）350 〜（レディース）250 〜　**🌐** https://www.scowth.com/
📧（メンズ）https://www.scowth.com/mensunderwear
（レディース）https://www.scowth.com/womensunderwear

　SCOWTHはキーウ発のアンダーウェアブランド。当初はメンズウェア・ブランドであったが、現在はレディースとメンズ双方のスポーツウェアを展開。人間工学に基づいた構造と頑丈な縫い目を持つ下着はまるで第二の皮膚となったかのような感覚と開放感を与えてくれ、鮮やかなカラーを活用した独創的なデザインと豊富なモデルは着用者の個性を強調する。メンズのボクサーパンツは綿95％で、縫い目が背面に1本しかないことから身体によくフィットし、動きを阻害することもない。レディースのトップはスポーツタイプ、ブラレットタイプ、ビキニタイプ、ショーツにはTバックもあり、竹布製で給水・放湿性に優れる。

　ブランド名は古いスコットランド語で「思考の自由、運動、自己表現」を意味するといい、これがそのままブランドの理念ともなっている。SCOWTHが誕生したのは2015年のこと。ウクライナのメーカーが集まる最大級の展示祭でメンズウェアの初期モデル6点を発表したところ高評価を得、2か月後には最初の顧客からのフィードバックを踏まえてセカンドコレクションをリリース、着実にファンを獲得して成長を続けてきた。

アパレル

家族経営で始まったウクライナ版PRADA

Kachorovska

A Vzuttia　**K** 靴　**U** Взуття
◎ キーウ市
₴ 3600〜　**🌐** https://www.kachorovska.com/　**🔗** https://kachorovska.com/vzuttya

　Kachorovskaは1957年に創業したウクライナでも有数のファッションブランドで、ファッション性の高いレディースのハイヒールやブーツを多数送り出している。元は家族経営のアトリエでオーダーメイド品を取り扱い、数万件の個別注文に応えてきた。2015年には既製品のラインを立ち上げており、現在の社長であるアリーナ・カチョロウシカは低価格で購入できるウクライナ版のPRADAを作りたいと野心的な目標を掲げているが、そのクオリティの高いデザインの製品ラインナップを見れば決してこれが大言壮語ではないことがわかるだろう。

　2023年のサマーコレクションでは、世界中で広まりつつある「ステイケーション」をテーマに、サンダルやビーチサンダル、ミュール、そして鮮やかな色のカウボーイ・ブーツなど華やかな製品が紹介された。2024年のスプリングコレクションで発表されたGreta、Natalie、Bette、Abigailの4品はいずれもダンスシューズにインスパイアされており、レザー製で、アクティブな普段履きやダンス、長時間の歩行などのアクティビティに適したブロックヒールを備えている。

サッカー少年が立ち上げた靴ブランド

Maletskiy

A Vzuttia　**K** 靴　**U** Взуття
◎ ドニプロ市
￥ (レディース) 1590〜 (メンズ) 1345〜　**⊕** https://maletskiy.com.ua/
in (レディース) https://maletskiy.com.ua/zhinoche-vzuttya/
　　(メンズ) https://maletskiy.com.ua/chholoviche-vzuttya/

　スニーカーやサンダルからブーツまで幅広いフットウェアを販売するブランドMaletskiy。サッカー少年であった創設者のイホル・マレツィキーは19歳のとき、練習中に皆から注目を集めていた自身のベルトやバッグを10〜20個まとめて買ってVKontakte(ロシア版FacebookのようなSNS)上で販売を始めた。これが彼の起業家としてのキャリアの始まりだった。自分の興味のある製品を売る仲介業者としての楽しみを覚えたイホルは販売の規模を拡大しつつ、徐々に利益率の高い靴にフォーカスしていったが、その後事業に失敗し、投資家への返済のために自身の靴ブランドの立ち上げを決めたという。知人を通じてチームを結成し、リスクを取りながら初動で成功を収め、2020年にはウクライナ国内の大手工場と協力、品質・生産数ともに確保できたことで、発展と拡大を続けている。
　Maletskiyのアナトミカルシューズは裸足で履くことを想定した、人体の構造を考慮し健康管理に注目しつつデザイン性の高いシリーズ。ソールは歩行時の足の位置を補正してくれ、また通気性もクッション性も高い。

人気を集める「自分が履きたいもの」

Artell

🅐 Vzuttia　🅚 靴　🅤 Взуття
📍キーウ市
💰 2300 〜　🌐 https://artellshoes.com/　🛒 https://artellshoes.com/vsi-tovary/

　2014年にシューズブランド Artell を立ち上げたアンドリー・チピハは、Spazio、Helen Marlen、Massimo Dutti などのブランドで培った経験を活かし、靴職人だけでなく食器や木工、布地の職人を一つの部屋に集めたクリエイター・チームを作ることを目指していた。拠点となるのはキーウの家族経営の工房で、オーダーメイドの靴の作成も受注している。靴を作る際にはトレンドや需要、消費者のニーズなどといったビジネス的に重視すべき視点よりも、デザイン、ライニングの品質、インソールの柔らかさやパッドの履き心地など、自分で履きたくなるかどうかを基準としているのが他のブランドとは違うところだ。売上の割合では7割ほどがレディースではあるものの、メンズ製品の品質も高い。

　クロッグサンダルの品揃えが多いのが特徴で、スエード製のものは安っぽくなくスタイリッシュでありつつ、かかとが出るために開放的で軽いデザインとなっている。また、サンダルタイプでありながら外側が革製で内側にボアの付いたムートンブーツのようなかわいいデザインのものや、外側も含め全面がボアになっているものもある。

近未来的なエコシューズ

Celestial

A Vzuttia　**K** 靴　**U** Взуття
📍 キーウ市
💰 2790〜　🌐 https://celestialobjcts.com/　🛒 https://celestialobjcts.com/#shop

　2020年設立の新しいブランドCelestialのシューズは一度見たら忘れられないデザインが特徴だ。厚底にモコッと盛り上がった肉厚のアッパー、そしてそれに対してキュッと締まった後部を備えたシルエットはどこか近未来的で、ほかではなかなか見られない独特の印象を受ける。素材のこだわり方も独特で、「エコ」を強く意識している。生産物の余りものを活用した本革、リサイクルコットンから作られたエコレザー、低刺激性の多孔性ポリウレタンを使用しており、またアウトソールもリサイクル可能で廃棄が簡単な独自のEVA素材だ。サンダルのデザインも特徴的で、ソールは薄めだが鼻緒がぷっくりと分厚いため、日本の女性用の下駄のような上品さが出ている。鼻緒を足首の前でくるっとリング状にしたものもあり、こちらは履く際に安定する。

　従来、ウクライナ市場では高品質でデザインにも優れた「高い」製品と低品質で平々凡々にすぎる「安い」製品の隔たりが大きく「ちょうどよい」レベルのものがなかなかなかった。Celestialはこのギャップを埋めることを目指しており、高すぎもせず安すぎもしない、それでいてクオリティも十分な製品を提供している。

本格的軍用ブーツをレジャーの実用品に

ミリタルカ

A Bertsi　**K** ミリタリーブーツ　**U** Берці
A Militarka　**U** Мілітарка　**O** キーウ市
₴ 1590〜　🌐 https://militarka.com.ua/
🔗 https://militarka.com.ua/ua/nashe/obuv-militarka-tm.html

　ミリタリーブーツまたはタクティカルブーツは本来、戦闘や訓練に際して兵士が着用するように設計された軍用ブーツであるが、過酷な状況下で足を確実に保護し、快適さを確保できるため、アウトドア愛好家や猟師など、自然の中で行動する一般人にも好まれる。そのため、こうした野外でのレジャーが人気なウクライナでは需要が高い。ミリタルカのブーツは人間工学に基づいて足に掛かる衝撃を緩和し悪路での歩行をより快適にする本格的なもので、特に厳しい冬場の使用を想定した冬用ブーツは内側に毛皮が張られて、保温効果も抜群だ。自然の中でのアクティビティを趣味とする人にはぜひオススメしたい。

　ミリタルカはウクライナ人に軍服や軍靴、装備品を手頃な価格で提供することを目的に設立されたブランドで、2005年の創業当初は軍からの払い下げ品のみを取り扱っていた。現在は独自のブランドに成長しており、実用的なゴリゴリの軍装品のほかにカジュアルやストリートのテイストを含んだ民間人向けのミリタリー・ファッションを提供している。同社のチームには退役軍人らも含まれ、欧州市場を意識して、常に最新の装備を研究して積極的に新しい技術を取り入れている。

伝統を取り入れたワンポイント・アイテム

YaVereta

🇦 Shevron　🇰 ワッペン　🇺 Шеврон
📍 リヴィウ州
💴（ワッペン単体）180 ～（パーカー）1900（T シャツ）600　🌐 yavereta.com
📷 https://www.instagram.com/ya.vereta/

　ブランド YaVereta が提供するのは、T シャツやバッグ、キャップなどにつけられる様々なサイズのワッペンだ。ワッペンの多くにはウクライナの伝統模様が取り入れられており、かわいくもかっこいいワンポイント・アイテムとなっている。
　ロシアによる全面侵攻が始まって以降、アイデンティティの基盤となるウクライナの歴史や文化に対する関心は一層高まり、伝統の継承を促進する様々な取り組みが生まれている。伝統的な模様をモチーフに取り入れた YaVereta はその代表的なものの一つだ。創業者たちが市場調査を行った際、ウクライナを象徴するモチーフが入った、外国人へのプレゼントに適した製品への需要が非常に高いことがわかり、自身のおばあちゃんが持っていたキリム（絨毯）の模様をデザインに取り入れたワッペンを販売したところ、瞬く間に広く人気を得ることになったという。ウクライナ軍を支援するチャリティ・プロジェクトも実施しており、例えば「ペンギン」と呼ばれる、ウクライナ軍に参加した国立南極科学センターの極地観測隊員らに対する支援に向けては、ペンギンやアザラシを氷や魚をモチーフとした模様と共にあしらった製品が販売されている。

日本でも展開！鮮やかで温かな靴下

Dodo Socks

🄰 Shkarpetky　🄺 靴下　🅄 Шкарпетки
　🅄 リヴィウ市
💰 120 〜　🌐 https://dodosocks.com/　🛒 https://dodosocks.com/product-category/women/women-socks/　🔗 https://www.dodosocks-japan.com/

　Dodo Socksは日本では最も知られるウクライナのアパレルブランドではないだろうか。Dodoの靴下は色鮮やかで、幾何学的なパターン、動物や風景、人物などが描かれており、とってもかわいらしい。履き心地がよく足元を楽しく彩ってくれるので、女性や子どものみならず男性にもぜひ履いてみてもらいたい。絵柄が少なめで速乾性と耐摩耗性に優れたスポーツタイプ、全く無地のものやスニーカーソックスも揃っている。2023年12月から日本での販売も開始しており、期間限定のポップアップショップも日本各地で開催しているため非常に入手しやすいウクライナ製品のひとつ。
　そのバリエーション豊富な明るいデザインの元となっているのは、ウクライナのアイデンティティと民族意識を作り上げてきた場所や人々だ。人物ではウクライナの民族装飾芸術の代表であるマリア・プリマチェンコ、著名な建築家兼起業家のイヴァン・レヴィンシキー、偉大な女性文学者レーシャ・ウクラインカ、風景ではカルパチア山脈やヘルソンの海岸、ポルタヴァの村々からインスピレーションが得られている。新しい文化としてか、2022年のロシアの全面侵攻後に普及したロシアのプロパガンダに対抗する嘲笑的インターネット

リヴィウを拠点とする Dodo Socks のチーム

スポーツタイプのソックスは速乾性と耐摩耗性に優れる

絵柄には NAFO 犬を描いたものも

ウクライナ軍支援対象商品を買うことで間接的な支援が可能

ミーム NAFO の柴犬が描かれたものもある。

　2015 年、独立ウクライナに対するロシアの最初の侵略行為が進む中、リヴィウ出身の IT 技術者たちが Dodo Socks を立ち上げた。もともと彼らはウクライナ軍に冬用の靴下を提供する活動を行っていたが、地味な色の靴下ばかりなのを見て伝統的な模様を使いつつもユニークなデザインのソックスを生み出すことにしたのだ。生産はすべてウクライナ国内で行われており、2022 年まではルハンシク州ルビジネの工場で製品の 95%が作られていたが、ロシアの侵略初期にこれが接収・破壊されたため現在はリヴィウを拠点とする。しかし戦時下でも製品ラインナップは拡大を続けており、エネルギー危機や不安定な経済情勢の中で、国内の小規模生産者との関係性を重視して協力の輪を広げている。立ち上げの経緯もあって社会活動への取り組みにも積極的であり、2022 年にはウクライナ軍への支援を最優先として「生きて帰れ」基金におよそ 2000 万フリヴニャを寄付。その他にもウクライナの勝利や人道支援に向けた寄付を多数行っており、まさに戦時下ウクライナを代表する優良企業だ。

ウクライナを代表するお手頃ベルトメーカー

SKIPPER

🇦 Remen　🇰 ベルト　🇺 Ремень
📍 チェルニウツィ市
₴ 250 〜　🌐 https://skipper.org.ua/　🛒 https://skipper.org.ua/katalog/

　SKIPPERはブコヴィナ地方のチェルニウツィで生まれた、創業20年以上の革ベルトブランド。2000年代初頭、小さなベルト会社からスタートしたSKIPPERは徐々に生産を拡大、品質も改良されていった。現在ではウクライナ全土で製品を卸売り・小売販売しており、ウクライナのベルト市場を牽引していると言ってもよい。実際、ウクライナのオンライン・ショッピングサイトの多くではSKIPPERのベルトがかなりの点数取り扱われている。ブランド発展のカギは、「妥協なき品質！」という理念の下団結したチームが責任感を持って慎重に仕事に向き合い、品質に最大限こだわっていることだといい、熟練の職人たちが細部にまで心を込めて仕上げている。
　SKIPPER製品のデザインはさほど目新しいものではないが、それはつまり購入者を選ばないということでもあり、これだけ幅広く取り扱われているという事実にその身に着けやすさがまさに表れていると言えるだろう。使用されている素材は古来より良質な皮革の産地として知られるトルコの一級レザーであるが、価格はお手頃で安いものは1000円以下で手に入る。

第4章

放送禁止用語が表す強いメッセージ

POHUY

🅐 Poias　🅚 ベルト（帯）　🅤 Пояс
📍 ドニプロ市
₴ 580〜　🌐 https://pohuy.com.ua/
🔗 https://pohuy.com.ua/shop-2/accessories/belt-pohuy/

　ウクライナ語で代表的な卑語と言えば「フイ」だろう。スラヴ系言語に共通するこの言葉は男性器を意味し、男同士のかなりくだけた会話でもなければ口に出すのもはばかられる放送禁止用語だ（なので本書でもキリル文字表記は避けることにする）。スラヴ系言語ではこうした卑語を語根として様々な単語を派生させることができる。なぜいきなりこんなことを説明したかというと、最近あえてこうした言葉を名称に取り入れてアイテムに大きくプリントする大胆なブランドがいくつかあるからだ。

　POHUYもそのひとつで、「ポーフイ」とは「知ったことか」（英：I don't give a f**k）という意味。ふざけたブランド名だが「他人からどう思われようと気にするな。大切なのは自分と愛する人を信じることだ」という哲学が込められている。このブランドのパーカー（「ポーフイ」と「フーディ」を合わせて「ポフユーディ」と呼ぶらしい）を着て大統領選の討論会に参加した猛者もいるらしい。POHUYのベルトは大きくこの言葉がプリントされたサイドリリースバックルタイプ。言葉の意味を知らなくとも普通にカッコいいが、メッセージ性の強いアイテムだ。

ザルジニーリスペクトの愛国ニットスカーフ

RITO

🅐 Sharf　🅚 スカーフ（マフラー）　🅤 Шарф
📍キーウ市
💴 480〜　🌐 https://rito.ua/　🛒 https://rito.ua/aksesuari/sharfi/

　ウクライナ語の шарф（シャルフ）は主にスカーフとマフラーの両方の意味があり、また日本でいうストールやショールのようなものも含むカバー範囲の広い単語だ。国土の大半が亜寒帯湿潤気候かステップ気候に属するウクライナでは日本と比べて冬の寒さが厳しいため、防寒具でもあるシャルフのバリエーションは非常に豊かで、特に女性が着用する頻度は日本よりもかなり高い。
　ウクライナのニットウェア・ブランドである RITO が提供する愛国シャルフには、ウクライナ国内で随一の人気を誇る人物である、ウクライナ軍の前総司令官ヴァレリー・ザルジニー（本書執筆時点で駐英大使）の「団結こそ我々最大の武器である」という格言、そして彼のサインがジャカード織りで刻まれた温かいシャルフ。また、ウクライナ 50 の都市名もあしらわれている。幅広で長く、男女を選ばないデザインで、防寒具としてはもちろん、巻かずに肩にかけてもカッコいい。RITO は 1991 年に 1 台の家庭用織り機からスタートし、今や最新設備の自社工場を有している。実用性と季節のトレンドをスマートに組み合わせたデザインが特徴的で、CSR 意識も高い。

第 4 章

おしゃれでカッコいいレディースネクタイ

CRAVATTA

🇦 Kravatka 🇰 ネクタイ 🇺 Краватка
💰 1130～ 🌐 https://www.instagram.com/cravatta.ua/

　ネクタイといえば通常は男性用の基本アイテムであるが、近年はレディースでもネクタイを取り入れたコーディネートが増加しており、おしゃれを演出するアイテムとなりつつある。このトレンドの中、ウクライナで初めて女性用ネクタイのブランドとして立ち上げられたのが CRAVATTA だ。CRAVATTA のキャッチフレーズは「そう、万人向けではないけれど、あなたもみんなとは違う」で、伝統的な概念を打ち破って新たなスタンダードを打ち立て、女性の自己表現の強力なツールとしてのネクタイの可能性を拓くことを目指している。
　ベストセラーの Slim Black は無地で光沢のない黒いネクタイで、その無駄の無さはさながら小さなブラック・ドレスを思わせる。フォーマルからカジュアルまでどんなスタイルにも合わせられるだろう。目立ちたい人には深みのあるワインレッドと高級感のあるスエードの質感が特徴的な Suede Burgundy がおすすめ。また、男性用に比べてかなり柔らかい素材でのネクタイも作成しており、公式 Instagram ではこれを活かした女性ならではのバラ型のノットの作り方なども紹介されている。

ぜひとも手に入れたい刺繍入りネクタイ

Etno Moda

A Kravatka **K** ネクタイ **U** Краватка
Q チェルニヒウ市
₴ 580〜 **🌐** https://etnomoda.net.ua/
🛒 https://etnomoda.net.ua/products/originalni-kravatki-f204391171/
https://etnomoda.net.ua/products/klasichni-kravatki-f204391165/

　男性用ネクタイはウクライナでも複数の企業がスタイリッシュなものを生産しているが、これらのメーカーが作る一般的なデザインのものではなく、Etno Moda のネクタイを紹介したい。Etno Moda は、ウクライナの文化であり、歴史や財産であり、誇りでもある刺繍を活かした製品を生産する 2018 年設立のブランドで、もちろんヴィシヴァンカも販売している。また、個人や個人事業主、企業を対象に要望に応じたスタイルや色柄の変更にも対応している。

　ウクライナ民族の文化的 DNA を受け継ぐべく、民族の記憶を埋め込んだネクタイはひときわ目を引くものだ。ストライプ状に刺繍を施したものや、縦に意匠を並べたもの、剣の全体にわたって刺繍を入れたものなど多種多様で、ベースカラーに合った落ち着いた印象の刺繍が入ったものから刺繍そのものを目立たせるような色使いのものまでオケージョンやコーディネートに合わせて選択可能だ。青と黄色を基調にウクライナ国章の入ったものもある。女性向けにはクロスタイやナロータイが展開されており、このほか色とりどりの蝶ネクタイや子ども向けのワンタッチネクタイも用意されている。

コラム 5　ウクライナの愛国グッズたち

愛国フレーズが書かれた Dodo Socks (p94)の「勝利に向けて」セット

「『パトロン』キュウリ」、「『アゾフスタリ』ラディッシュ」などと名付けられた野菜たち

「十五円五十銭」の如く用いられた「паляниця」と発音の似た「イチゴ」

チーム・ゼレンスキーをパッケージに使った「軍事モノポリー」

　2014年のロシアの侵略開始以来、ウクライナでは国旗の青と黄色のツートンカラーや国章の三叉矛（トルィズーブィ）などを取り入れたグッズが多数現れたが、2022年に全面的な戦争が始まって以降は愛国グッズの数も質も上がってきている。

　侵攻当初に特に人気が高かったフレーズは「くたばれ、ロシア軍艦（Русский корабль, иди на**й）」だ。投降を呼びかける露海軍に対して黒海のズミイヌィ島を防衛していたウクライナ国境警備隊がロシア語で言い放ったものだが、人気を博して侵略者ロシアに対するスタンスを象徴する言葉となっている。また、伝統的なパンの一種である паляниця とイチゴのイラストを添えたデザインも使われる事があるが、これは少々解説が必要だろう。この単語は「パリャヌィーツャ」のように発音されるが、ロシア語母語話者だと「パリニーツァ」のように発音してしまうため、ロシア人をあぶり出すための単語として用いられた。さらに、ロシア人の一部やロシア国営放送までがこの単語を発音の似た「イチゴ」（полуниця、ポルヌィーツャ）と混同したためにミームと化し、愛国グッズに取り入れられるようになったのだ。この他に好まれるモチーフとして、もはや日本でも知られるフレーズ「ウクライナに栄光あれ」や、ウクライナのアイデンティティであるコサック、戦場で活躍するドローン「バイラクタル」、チーム・ゼレンスキーなどなどがある。本書でもこうした製品を複数取り上げていることにはお気づきだろう。

コラム 6　ウクライナのお土産・工芸品

ペトリキウカ塗り（Петриківський розпис）の飾り皿

お守りとして愛されるモタンカ人形（мотанка）

装飾性の高いお土産のブラヴァ（булава）

美しい絵柄のピサンカ（писанка）

　本書ではいわゆる「お土産」に分類される伝統工芸品等は意図的に取り上げていないので、ここで主なものを一気に紹介しよう。

　ペトリキウカ塗りは 2013 年に世界無形文化遺産に登録された絵画技法で、精巧かつ優雅で色彩豊かに花鳥風月や幾何学模様といった伝統的なモチーフやシンボルが描かれる。ロシア伝統のホフロマとよく比較されるが、黒地に赤と金を基調とする点でカラフルなペトリキウカ塗りと異なる。

　モタンカは主に女性を象った人形で、悪いものから持ち主を守り家庭に幸運をもたらすためのお守りであった。少女たちはおもちゃとしてモタンカで遊びながら育ち、結婚後も若いうちは持ち歩いていたという。古い信仰の影響でモタンカの顔はのっぺらぼうか、もしくは太陽の力を表す十字の結び目模様が入っている。

　ブラヴァはメイス（棍棒）のことで、武器であったものが近東・欧州では権威の象徴となっており、ウクライナの場合はコサックの頭領であるヘーチマンの権威を示す。現代もウクライナ大統領の儀式用ブラヴァが存在する。

　ピサンカはイースターエッグで、卵の殻に蜜蝋を塗って染料液に浸すことを繰り返して美しい模様を描いていく。赤は「喜び」、羊は「富」など、色や描かれる絵柄のひとつひとつが象徴的な意味を持っている。

第 5 章

家具

ウクライナで注目の家具メーカーには、堅実なものもあれば独自の世界観とコンセプトのもと非常に面白みのあるデザインを特徴とするものもある。本章で取り上げたブランドの家具やインテリアのデザインは単体で見ればかなりユニークなものが見られるが、どれも空間に溶け込んで調和を乱すことはなく、それでいて日常生活にアクセントを与えてくれる。

デザイン性の高い照明特化のインテリア

+kouple

A Osvitlennia　**K** 照明器具　**U** Освітлення
◉ キーウ市
❷ 色々　**⊕** https://pluskouple.com/　**▣** https://pluskouple.com/on-linestore

　これまでアパレルやアクセサリーの項で紹介してきたとおり、ウクライナには斬新で魅力的なデザインを生み出す優れたデザイナーが多数いる。ウクライナのインテリアデザイン業界におけるリーディングカンパニーである照明器具ブランド +kouple を 2014 年のキーウに生み出したのは、デニスとカテリーナのヴァフラメイェウ夫妻だ。デニスはキーウのサルヴァドール・ダリ記念現代芸術アカデミーで修士号を取得しており、少年時代からデザインへの情熱一本で生きてきたという。カテリーナはファッション業界の出身で、若いころから国際的な場での実務経験を積んできている。+kouple の優れたデザインとそれを活かした的確なプロモーションと経営戦略は、夫婦互いの能力と経験を最大限活用したコンビネーションの賜物と言える。
　製品のデザインはミニマルで、必要最低限のものだけを使うシンプルですっきりとしたもの。直線的でありながら斬新な形状のライトたちは室内空間になじみつつ面白いアクセントを与えてくれるだろう。BLT シリーズのライトは「ベルト」という言葉に由来するシリーズ名のとおり、布製ベルト状のテキスタイル・ペンダントが特徴的。機能性とスタイリッ

創設者のヴァフラメイェウ夫妻

テキスタイルストラップが特徴のBLTシリーズ

BLTシリーズには照明器具以外のラインナップも

特徴的なインテリアだが室内空間に馴染みやすい

シュさを完璧に具現化しており、独自の個性を与えつつもどんな空間にも調和してくれる。BLTシリーズには照明以外の家具もあり、BLT_HOOKは釘頭状の物掛けフックの下にリング状にしたベルトがついており、傘など物自体がひっかけやすい形状をしているものはベルトの方にさっと掛けやすく地味に便利だ。BLT SIDE TABLEは小さめの天板の中央にリング状のベルトが飛び出しており邪魔な気がしないでもないが、小物を置いたりちょっとモノを置いておいたりするのにはオシャレで良いだろう。目を引く形状のJEFFREYランプは、再生ポリエステルから作られた不織布PETフェルトを使用している。幾何学的なフォルムのフェルトのパネルは吸音素材として機能し、落ち着きのある雰囲気をもたらしてくれる。カラーはブルー、ピンク、グリーン、グレー、ブラウン、ブラックで、1色だけでなく複数のカラーを組み合わせやすいよう考え抜かれた色合いとなっている。

　そのデザインやコンセプトが高く評価されている+koupleの製品は、公式オンラインストアを通じて世界中で購入が可能だ。

余分を廃したスカンジナヴィア家具

DROMMEL

A Mebli **K** 家具 **U** Меблі
O キーウ市
C 色々　**W** https://drommel.com.ua/　**S** https://drommel.com.ua/all-items

　DROMMELはスカンジナヴィア・スタイルの家具ブランド。設立当初のビジネスモデルは興味深いもので、顧客がPinterestなどから画像を送信する形で個人発注を行う形態であった。これはまずベースとなる顧客層を構築し、標準化された大量生産ラインを立ち上げるための準備段階であったが、結果として戦略的に大成功であったという。現在DROMMELのオンラインストアで購入できるアイテムのほとんどが個人発注を受けていたころの製品をユーザー体験を基に改良したものとなっている。積極的なプロモーションの甲斐もあってブランド名は瞬く間にウクライナ中で知られることとなり、現在では個別発注は法人顧客に対してのみ受け付けている。

　製品すべてに通じるコンセプトは「余分なものの無い家具」。どんなスタイルにもこだわらずどんなインテリアにもなじみやすい。創業当初からの主力製品であるテーブルは開放的なデザインで、存在感がありながらもそれ自体に注目が集まりすぎないようなシンプルさが売りだ。収納系家具の大半には引き出しが無くオープンな棚のみだが、これも空間全体に「負荷」をかけないように意図されたものである。

第5章

木製家具こそ「本物の家具」

WOODWERK

A Mebli　**K** 家具　**U** Меблі
◎ キーウ市
€ 色々　**⊕** https://woodwerk.com/　**▸** https://woodwerk.com/catalog/stoly/obidni

　WOODWERK はその名のとおりトネリコやオークといった天然の樹木を使用した木製家具ブランド。自社工場では木材の乾燥に始まり家具の組み立てまでフルサイクルをカバーしており、各段階で品質管理を行うことで長持ちする高品質の家具を生み出している。また、金属製の構造部材も最新の高精度な設備による自社生産。その製品は素材である木の特徴が最大限生かされており、どのようなインテリアにもマッチしやすく、損傷や温度変化に強い。重量があるため安定感があり、手入れをすれば数十年使用可能なのも木製家具の利点だろう。その他の素材ではなく木材を重用するのは、この耐久性を基に経年による変化を楽しめる「本物の家具」を生むことが目指されているからだ。

　創業者のアルテム・ポノマレンコはまだ子供であった 1996 年にオランダにわたり、現地の家屋やインテリアのセンスの良さに感銘を受け、このデザイン文化をウクライナに持ち込むことを夢見たという。社名の後半を英語の「work」ではなくオランダ語の「werk」としているのはこのためだ。WOODWERK は 2015 年のベスト・スタートアップに選出されている。

前衛芸術の要素を持つデザイナーズ家具

Levantin design

A Mebli **K** 家具 **U** Меблі
◉ ハルキウ市
c 色々 **◉** https://levantindesign.com/ **▦** https://levantindesign.com/stoly

　シカの角のロゴが目を引くLevantin designは、ハルキウで生まれたデザイナーズ家具ブランドだ。設立者のセルヒーとオレクサンドルのリヴォフ兄弟は、学生時代、2012年の夏休みの間の趣味として古い家具を買い取って補修をするという実験を始めたことからこの業界でのキャリアをスタートし、瞬く間にインテリア・デザインのスタジオを立ち上げるまでに至った。自分たちの製品を自分たちと同じものとして見るという発想から、このブランドを苗字をもじった自身らの幼少期のあだ名であるLevantinと名付けた。2022年以降、デザイン部門は戦争の影響もあり伊ミラノ近郊のメーダに所在している。
　その特徴的なデザインのコンセプトは「Wow in your space」。クリエイティブな世界観を持つ人々が求めるような大胆でかつコスモポリタンなアイディアを実現することを目指しているといい、前衛芸術やコンストラクティビズム、ブルータリズムや社会主義などの要素が表れている。複数のラインが規則的又は不規則に組み合ったデザインのテーブルや椅子の足は、開放的ですっきりとした印象を受けるだけでなく芸術的で魅力がある。

既存の枠組みに収まらない独自の世界観

KONONENKO ID

A Mebli **K** 家具 **U** Меблі
⊕ 色々 **⊜** https://kononenkoid.com/

　2012年、デザイナーのユリヤ・コノネンコとアルテム・クラウチェンコは「アイディアを形に変える芸術」をコンセプトにユリヤの苗字を冠したこのプロダクトデザインスタジオを立ち上げた。彼女らは一般的に受け入れられているデザイントレンドの枠組みや境界線に当てはまらない独自の世界観と独自の美学を創造することを重視しており、その理念どおり、今回紹介している家具ブランドの中では最も遊びのあるデザインが多い。
　最初のコレクションであるランプTOUCHとコーヒーテーブルDNIPROはどちらも開発と制作に非常に長い時間がかけられているといい、TOUCHのランプシェードは熟練した職人がろくろで作り上げた工芸品をイメージした陶器製で、その光は柔らかな風合いを醸し出す。同じく陶器製のDNIPROは、テーブルトップにウクライナを育むドニプロ川をリスペクトした波紋が表現されている。中心から飛び出た十字型のハンドルはうまく設計されており、持ち運びも簡単。2、3分で思いついたというランプSEEAも面白いデザインで、電球を乗せる円盤に施された海の波をイメージした波紋が、ランプの光によって強調され独特の雰囲気を生み出す。

コラム7　意外と輸入されているウクライナのモノ

　日本とウクライナの貿易額はロシアの全面侵攻前後で大きく変化した。日本の財務省貿易統計によれば、2021年のウクライナからの輸入額は約7.3億米ドル、ウクライナへの輸出額は約5.9億米ドルであったが、2023年にはそれぞれ9300万米ドルと4.4億米ドルに減少している。日本からの輸出額は劇的に減ったわけではないが、輸入においてはかなりの減少である。それでも戦時下、輸送インフラがロシアの攻撃によって危険にさらされながらも貿易関係は継続している。

　日本に輸入されている品目の構成にも変化が見られ、2022年まではタバコが金額ベースで第1位となっていた。これは日本たばこ産業（JT）がウクライナ工場で日本向けに「キャメル」を製造していたからだ。このJT工場はロシアの全面侵攻を受けて2022年2月下旬に稼働を一時休止しているため、2023年以降の日本のウクライナからの輸入品目からはなくなってしまっている。また、ウクライナからの輸入品第2位であった鉄鉱石も2023年までは輸入が続いていたが、2024年には入ってきていない。

　こうした中でウクライナからの輸入品として順位を上げているのがアルミニウム合金と飼料用トウモロコシだ。2024年のアルミニウム合金のウクライナからの輸入総額は44.9億円、飼料用トウモロコシは24.4億円で、その他の輸入品と比べると桁がひとつ大きくなっており、この2品目だけでウクライナからの総輸入額の約6割を占めている。日本におけるアルミニウム合金の輸入はアラブ首長国連邦、中国、マレーシアなどが大半を占めており、ウクライナからの輸入は全体の1.1％程度にとどまる。飼料用トウモロコシも米国とブラジルからの輸入が圧倒的なため、0.6％ほどだ。確率は低いかもしれないが、我々ももしかすると知らない間にウクライナ産のトウモロコシで育った牛の肉を食べているのかもしれない。農業国ウクライナの生産品は、ヨーロッパやアフリカのみならず日本まで届いているのだ。

　そのほかに輸入額が比較的大きいものには詰め物用のダウン（約4.1億円、全体の4.3％）、マツ属の木材（約3.4億円、全体の0.6％）などといった原材料品が上位を占めているが、意外なものではスキー板が約1.6億円で全輸入の約5.0％となっている。食品系の輸入額も大きく、トマトピュレ・ペースト（約3.0億円）やスモークサーモン（約1.6億円）、ハチミツ（約1.6億円）、粉ミルク（約1.4億円）などがある。ウクライナからの輸入の割合が1位となっているのは酸価0.6以下のヒマワリ油で、輸入額は約2800万円、全体の約76.8％を占める。なお、酸価0.6以上のものではハンガリーが1位となっており、ウクライナからの輸入は約3.4％。

　ちょっと意外なところでは、ケイ素（約2.2億円）や診断用・理化学用の試薬（約1.4億円）といった化学工業製品も輸入されており、このほか機械類ではコーヒーメーカー・ティーメーカーがトップで、輸入額は約1.4億円。これにヘッドホン・イヤホン（約1.0億円）が続く。面白いところでは家禽の飼育機・孵卵器も割と輸入額が大きい（約3300万円）。

　全体で見るとやはり食品や原料品が大半を占めるものの、機械類や衣類、加工製品までその品目は多岐にわたっている。今後、ウクライナの製造・加工品により多くの日本企業・日系企業が目を向け、一般の日本人消費者にとってもウクライナ製品がより身近なものとなることを期待したい。

第 6 章

フード

外国の製品でも最も気軽に楽しみやすいのは食品ではないだろうか。ウクライナの食文化はヨーロッパ、特に東欧圏の文化に含まれるが、肥沃な土地と行き交う多種多様な民族にはぐくまれ、そしてソ連という、その評価はどうあれユーラシア大陸にまたがる巨大な国家によりもたらされた新たな食文化が組み合わさっている。日本に乏しい肉製品や乳製品が豊富なのはもちろんだが、古くから甘味の地としても知られるウクライナの食べ物の一部を紹介していこう。

コサックから受け継がれる伝統料理の代表格

サーロ

🅐 Salo　🇺 Сало
🅐 Organic Meat　📍 ジトーミル州バラニウカ市
💰 274〜　🌐 http://organic-meat.com.ua/uk/　🛒 https://auchan.zakaz.ua/ru/products/salo-organik-mit--auchan02524640000000/

　サーロとはウクライナの代表的な伝統料理であるブタの脂身の塩漬けだ。一般的な日本人にとって脂身のみを食するというのは慣れない習慣であり健康の観点からも積極的に食べたいものではないだろう。しかし世界的にはそのままで非常に高カロリーであることから太古の時代より重要な食品として利用されてきており、スラヴ人が豚脂の保存法を学んだのはガリア人からとされる。スラヴ語の「サーロ」という言葉が初めて文献に登場するのはウクライナの年代記ではなく7世紀のアルメニア語の写本で、ハザール人の宴会の様子を記した箇所である。テュルク系で後に豚肉食禁止のユダヤ教に改宗するハザール人は、自身らの支配下にあるスラヴ人からこの語を借用したと考えられる。なお「サーロ」の語源は古いスラヴ語の *sadlo で、語根の *sad- は「座る」を意味し更に遡れば英語の sit と同語源だ。つまりサーロの原義は「肉の上に座って（乗って）いるもの」であろうといわれる。伝承によればウクライナのコサックは「不浄な動物」であるブタを避けるイスラム教徒に対抗するのにサーロを使ったとされる。この言い伝えの真偽をさておいても寒く乾燥した大陸性気候のウクライナを馬で長時間移動する際の貴重な脂質の供給源として、コサックと深い関係に

パプリカと唐辛子で赤くなったハンガリー・サーロ

ペースト状のサンドイッチ・サーロ

Organic Meat は可能な限りストレスをかけない環境で家畜を育てている

薄切りにして黒パンに乗せると食べやすく美味

あったことは間違いなく、また屋外で長時間農作業をしなければならない農民にとっても必需品であったそうだ。

　サーロの多くは完全に脂身だけのものであるが、多少赤身部分が残っているものもあり、ものによっては脂身の多めなベーコンのようなサーロもある。そのまま少量をつまんだりパンに乗せて食べられ、ホリールカのつまみとしても代表的。ペースト状にして香辛料を混ぜることもある。ビタミンA、E、Dや必須元素のセレンを含み、大量に食べたりしなければイメージするよりもヘルシーな食品だ。

　Organic Meat 社はEUのオーガニック認証を受けた食肉加工企業。家畜の飼料から有機栽培にこだわりホルモン剤や合成添加剤を使用せず、少なくとも4か月は母乳で育てるなど人道的な飼育が心がけられており、ストレスの少ない環境で育てられた家畜の肉は非常に美味で健康的だ。同社からは、塩コショウ漬けのスタンダードな塩サーロ、パプリカや唐辛子で表面が赤くなったハンガリー・サーロ、ペースト状に加工されニンニクを加えたサンドイッチ・サーロが販売されている。

フード

毎日の食卓に登場するソーセージ

ソーセージ（ソスィスキ）

A Sosysky　　U Сосиски
K グロビノ　A Globino　U Глобино　O ポルタヴァ州フロビネ市
₴ 65 〜　🌐 https://corp.globino.ua/kovbasni-virobi/
https://corp.globino.ua/wp-content/uploads/2023/11/catalog-11-23.pdf
🛒 https://auchan.zakaz.ua/uk/search/?q=глобино сосиски

　固有の食文化を持ち、地域ごとの食にまつわる多様性が非常に高い世界有数のグルメ国家日本だが、こと食べ物に関して不満を挙げられるとすれば、市中で手に入るハム・ソーセージ類や乳製品の選択肢がため息が出るほど少ないことだろう。ここから暫くは日本人の多くが知らないであろう、ウクライナにおけるソーセージの種類を紹介していきたい。

　日本でいう「ソーセージ」に該当するものとして、ソスィスキ（сосиски）とコウバサ（ковбаса）がある。消費者目線でのこの２つの大きな違いは、コウバサはふつうそのまま食べるがソスィスキは基本的に火を通して食べられるという点だ。

　まず最初に紹介するソスィスキはボイル・ソーセージのうち比較的小さくて短いもので、おそらく日本人がイメージする「ソーセージ」のイメージに最も近い。日本でよく市販されている「ソーセージ」と同じように食べて構わないが、単独でおかずとする場合はウクライナでは焼くより茹でるのが一般的である。

　なお、ここで紹介しているグロビノ社は食肉・乳製品最大手企業の一つで、ソスィスキだけでも 20 種近い製品ラインナップを有している。

ソ連で生まれた今でも親しまれるソーセージ

ボイル・ソーセージ

🅐 Kovbasa varena　🅤 Ковбаса варена
🅚 アラン　🅐 Alan　🅤 Алан　📍ドニプロ市
💰 130 〜　🌐 https://alan.ua/catalog/1vareni-kovbasi-ta-shinki/　🛒 https://varus.ua/kolbasy-sosiski-delikatesy/kovbasi?pim_brand_id=103958&forsausages_typesausage=5423

　次に紹介するのはボイル・ソーセージだ。その名のとおり加工の段階で 80℃ 程度の温度で熱を通す工程を経ておりこの点はソスィスキと似ているが、まずサイズが非常に大きく、切り取って食べることを前提としている。またソスィスキの肉質部分は均質なのが普通であるのに対し、ボイル・ソーセージでは肉質が均質なものの他に、比較的荒ぜ挽かれた肉片が含まれているものがある。純粋な肉のみならず大豆などが比較的多く混合されていることがあるのも特徴だ。

　ボイル・ソーセージとして最も典型的なのは肉質が均質なドクター・ソーセージだろう。1936 年の旧ソ連で誕生した牛豚合挽肉から作られるこのソーセージは「ツァーリ体制の恣意性に苦しむ人々の健康を改善する」という目的で「ドクター」の名を冠し、旧ソ連圏で今も続く標準規格 GOST によってそのレシピが数十年にわたって厳格に管理されていた。現在ではそのような縛りはなくなっているが、脂肪分が抑えられ食べやすいことから現在でも親しまれるものとなっている。このほか、同じく肉質が均質でミルクを混ぜ込んだミルク・ソーセージや、脂身のスポットが見られるストリチナ・ソーセージなどがある。

おやつや前菜にピッタリのマイルドな味わい

ボイルスモーク・ソーセージ

🅐 Kovbasa vareno-kopchena　🅤 Ковбаса варено-копчена
🅚 グロビノ　🅐 Globino　🅤 Глобино　🅞 ポルタヴァ州フロビネ市
₴ 229 〜　🌐 https://corp.globino.ua/kovbasni-virobi/
https://corp.globino.ua/wp-content/uploads/2023/11/catalog-11-23.pdf　🛒 https://varus.ua/search?q=ковбаса&cat=53030&brand=Глобино&Вид ковбаси=Варено-копчена

　ボイルスモーク・ソーセージは加熱工程のあとに燻製の工程が加わったもので、伝統的な加工肉製品の一つである。ボイル・ソーセージとの比較では、肉質部分はより荒く挽かれ、切り口を見ると均質ではなく肉片や脂肪の粒が散らばっている点も異なる。他の種類のソーセージと比べると密度が低く弾力性があるのも特徴だ。肉を熟成させず、燻製する前に加熱工程を経ているため、味わいがマイルドで調和が取れ、辛味も少ない。

　代表的なのがセルヴェラートで、元々の起源はスイスだという。伝統的にセルヴェラートと呼ばれるソーセージはボイルスモークに分類されるもののほかハーフスモークやドライスモークなどもあるが、GOST 規格に定められたものやウクライナの大手メーカーが製造しているものはボイルスモークのようである。グロビノのセルヴェラートは豚肉、牛肉、食塩、砂糖、黒コショウ、ナツメグと原材料はシンプルだが、その分食べやすく仕上がっている。

　このほかグロビノのラインナップには、牛肉のみに脂身を加えた「ウクライナ・ソーセージ」、ニンニク、白コショウ、黒コショウ、マスタードを加えた「バヴァリア・サラミ」などがある。

歴史あるスモ〜キ〜な半燻製肉

セミスモーク・ソーセージ

🅐 Kovbasa napivkopchena　🅤 Ковбаса напівкопчена
🅚 ユヴィレイニー食肉コンビナート　🅐 Yuvileiny Meat-Processing　🅤 Ювілейний м'ясокомбінат
🅞 ドニプロペトロウシク州スロボジャンシケ町
💰 399 〜　🌐 https://yuvileinyi.com.ua/
🛒 https://eko.zakaz.ua/uk/categories/smoked-sausage-ekomarket/tm=iuvileinii/

　セミスモーク・ソーセージも歴史の古い加工肉食品で、ボイルスモーク・ソーセージと同様に加熱処理と燻製処理を経るが、ボイルスモークと異なり、セミスモークはまず熟成、その後ケーシングの凝固のための熱燻（ロースト）、蒸気によるボイル、そして半日から２日程の燻製処理を経て数日間乾燥される。ニンニクやスパイスとともに感じられる燻製によるスモーキーな芳香が特徴である。また、水分含有量が低く相対的に塩分が多いため、長期保存が可能だ。

　1996年創業のユヴィレイニー食肉コンビナートは家畜のと殺から製品の製造、保管、販売までのサイクルをすべて自社で行うことで生産コストを削減し、高品質の製品をお手頃価格で提供している。同社の販売するセミスモーク・ソーセージとしては、豚と鶏の合挽肉に脂身、塩、コショウ、ナツメグでシンプルに味付けをした「チロル風ソーセージ」、豚肉と背の脂身、牛肉をベースとしてニンニク、コリアンダー、ラベッジ、セロリで香りを整えた「サラミ・クラシカ」、牛豚合い挽きの肉にコリアンダー、ニンニク、クミン、黒コショウ、パプリカのエキスを混ぜ込んだ「オーストリア・サラミ」等がある。

固く強い味わいはやみつき

ドライスモーク・ソーセージ

🇬🇧 Kovbasa syrokopchena　　🇺🇦 Ковбаса сирокопчена
🇯🇵 マサル　🇦 Masar　🇺 Macap　📍テルノーピリ州コピチンツィ市
💴 80〜　🌐 https://masar.ua/production/
🛒 https://masar.ua/product-category/сирокопчені-та-сиров'ялені-ковбаси/

　ドライスモーク・ソーセージは加熱処理を経ず、生の素材から長期の熟成と脱水、燻製によって作られるため、最高品質の原材料と注意深い工程管理が必要とされる。手間を掛けた工程によって水分含有量は25〜30%と低くなり、長期間の保存が可能だ。また、加熱処理にさらされないこともあって素材本来の栄養素と味わいが活きており、緻密な食感、シャープな塩味と酸味、燻製の強い香りとスパイシーな風味が特徴である。
　家族経営のソーセージ店から大農場に成長した食肉製品生産会社「マサル」は、150種以上の製品を展開している。自社農場ではブタとニワトリが飼育され、原料の75%を自社生産で賄っており、その高品質な製品はウクライナ西部を中心によく知られている。
　マサルのドライスモーク・ソーセージには、チョリソー、ペペロニ、ミラノ・サラミといった有名なもののほか、国外であまり見られないものとしてウクライナ民族解放運動の指導者バンデラの信奉者を意味する「バンデライト」と名付けられたものもある。これは元々「モスクワ・ソーセージ」と呼ばれる種類のものであったが、ロシアの全面侵攻開始以降、各社が愛国的な名称に呼び替えたのだ。

癖はあるが旨い！まさに珍味

ドライ・ソーセージ

Ⓐ Kovbasa syrovialena　Ⓤ Ковбаса сиров'ялена
Ⓚ ユヴィレイニー食肉コンビナート　Ⓐ Yuvileiny Meat-Processing　Ⓤ Ювілейний м'ясокомбінат
Ⓞ ドニプロペトロウシク州スロボジャンシケ町
₴ 899 〜　🌐 https://yuvileinyi.com.ua/　🛒 https://varus.ua/search?q=ковбаса&cat=53030&brand=Ювілейний&Вид ковбаси=Сиров`ялена

　ドライ・ソーセージも肉を加熱せず、味付けをした挽き肉を長時間乾燥させることで製造される。ドライスモークと異なり燻製の工程を経ない分、肉本来の味や香りが強く出るため、チーズや辛口の赤ワインとよく似合う。味と香りを整えるために製造工程でブランデーやハチミツが加えられることがあるのも特徴だろう。

　ユヴィレイニーは2011年にドライスモーク及びドライ・ソーセージの製造用に最新鋭の施設を設置しており、鶏肉ベースに豚肉を加え黒コショウで表面が包まれた「ブラックペパー・サラミ」、豚肉ベースのソーセージをバジル、ローズマリー、スイバ、オレガノ、タイム、ミント、マジョラム、セイボリーの粉末で包んだ「プロヴァンスハーブ・サラミ」などがある。また、テュルク系諸国やコーカサス、バルカン半島、中東で伝統的に食べられる「スジュク」もラインナップされており、牛肉ベースの旨味の強いソーセージとなっている。

　ここまで6ページにわたって紹介してきた各種ソーセージ。その種類は日本人が想像できないほど非常に多く、それぞれの味わいや食べやすさも千差万別なので、ぜひお好みのソーセージを見つけていただきたい。

軍用から民用に普及したお手軽肉缶

トゥションカ

🄰 Tushkovane miaso (Tushonka) 　　🄄 Тушковане м'ясо (Тушонка)
🄺 アラン　🄐 Alan　🅄 Алан　🄳 ドニプロ市
💴 99〜　🌐 https://alan.ua/catalog/konservi/　🛒 https://rozetka.com.ua/ua/search/?producer=alan&redirected=1&section_id=4632747&text=алан&tip131061=tushenka

　ロシア周辺国で「トゥションカ」と呼ばれるのは端的に言えば「肉の缶詰」だ。正式な名称はウクライナ語の場合トゥシコヴァネ・ミヤーソ（тушковане м'ясо）で、「蒸し煮された肉」を意味する。ロシア帝国に初めて缶詰・瓶詰め工場が登場したのは1870年で当初は戦闘糧食として生産されたものだったが、第二次世界大戦後はその美味さと保管の容易さ、すぐに食べられる手軽さから一気に民間にも普及した。今や旧ソ連圏のどのようなスーパーでも見つけられるトゥションカは、釣りやキャンプといったアウトドアアクティビティでの食事としてのみならず、スープやパイ、パスタなど家庭料理の具材としても使用される。

　アラン社はドニプロを拠点とする加工肉製造企業で、業界内では有数の輸出企業でもある。アランのトゥションカは他社製品と比較して少々高めのお値段だが、2019年にキーウ検査センター「TEST」が実施した豚のトゥションカ6ブランドの比較検査では唯一「優」の評価を受けている。豚と牛、鶏肉のほかにウサギ肉のものもあり、またソバの実などと混ぜたシチュータイプのものが販売されている。

国内避難民が生み出したオリジナルチーズ

Manor of the Blonsky family

🅐 Fermerskyi syr/kraftovyi syr 🅚 クラフト・チーズ 🅤 Фермерський сир/крафтовий сир
🅚 サディバ・ロディーニ・ブロンシキフ
🅤 Садиба Родини Блонських 🅞 ポルタヴァ州ヴォウニャンカ村
☎ 110〜 🌐 https://www.blonsky.club/ 🛒 https://www.blonsky.club/shop/

　ウクライナでは大型食品会社による工場生産のチーズも非常に種類が多くそのバリエーションは日本の比ではないが、もともと伝統的に畜産業が営まれてきたことや、またオンラインショッピングの普及により購入が容易になってきたのもあり、最近では自家製のクラフト・チーズも人気を集めている。サディバ・ロディーニ・ブロンシキフは直訳すると「ブロンシキー一家の荘園」を意味する。オレクサンドルとマリナのブロンシキー夫妻は、2014年に始まった対ロシア戦争を受け、ルハンシクからポルタヴァ州のヴォウニャンカ村への移住を余儀なくされた。この村で彼らは国内避難民向けプログラムを活用してゼロから事業を始めたのである。長年シェフとして働いてきたオレクサンドルが造るチーズは口コミで人気が広がり、お土産として国外に持っていく購入者もいるという。
　ブロンシキーのチーズは全てオリジナルで、若いチーズとしてはクリーミーな味わいの「ピカドン」やナッツの香りを持つ白カビの「シャビシュ」が特に人気だ。ハードチーズでは「農家の夏のチーズ」やその燻製版などがある。季節ごとに作られるチーズもあり、飽きが来ないラインナップだ。

ジョーク好きな職人のドーーーブレなチーズ

Dooobra Ferma

🇦 Syry z koziachoho moloka　🇰 ゴート・チーズ　🇺 Сири з козячого молока
🇰 ドーーーブラ・フェルマ　🇺 Доообра Ферма　📍キーウ州イウキ村
💰 105〜　🌐 https://dooobraferma.com.ua/
🔗 https://dooobraferma.com.ua/product-category/syry-2/siri-z-kozyachogo-moloka/

　ドーーーブラ・フェルマは山羊乳から造られるゴート・チーズで有名なチーズ・メーカーだ。「良い」という意味のドーブラ（добра）を強調して名付けていることに自信が垣間見える。この家族経営のヤギ牧場の小さなチーズ工房には近代的な生産ラインが整備されており、国内であればオンライン購入が可能となっている。ここで飼育されているヤギたちは春先から晩秋までは飼料ではなく新鮮な草を食んで良質なミルクを出している。フランスでチーズ造りを学んだ一家の生む手作りチーズはまさにドーーーブルィ！
　開発に4年がかけられたという山羊乳ハードチーズには「ビコーズ」という面白い名前がつけられているが、これはこのチーズに関して出され得るあらゆる「なぜ？」という問いに対し、「なぜなら（ビコーズ）、15か月も熟成されているからだ！」との回答を突きつけるためだという。このほか、繊細で濃厚なシェーヴルチーズ「シェデヴル」（「シェーヴル」と「シェデヴル（傑作）」のダジャレになっている）や山羊乳の独特の臭みが少なく辛味が少ないため苦手な人や子どもでも食べやすいセミハードチーズ「ヤンゴル」（「天使」の意）がある。

スイスに学んだクラフト・チーズの先駆け

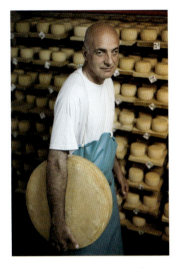

セリシカ・スィロヴァルニャ

🅐 Fermerskyi syr/kraftovyi syr　🅚 クラフト・チーズ　🅤 Фермерський сир/крафтовий сир
🅐 Selyska syrovarnia　🅤 Селиська сироварня
📍 ザカルパッチャ州ニジネ・セリシチェ村
₴ 100〜　🌐 https://seliskasirovarnia.com.ua/　🛒 https://seliskasirovarnia.com.ua/shop/

　ウクライナにおけるクラフト・チーズ工房の先駆けであるセリシカ・スィロヴァルニャは、山岳地帯のフスト地方で1994年に小規模農家保護プロジェクトの一環として成立した。創設者のペトロ・プリハラ氏は、ヨーロッパの農業組合ロンゴ・マイの関係者との交流の中で小規模農家の維持と地場産業の発展の重要性に気づき、生まれ故郷のザカルパッチャでの起業を決断したという。最初の数年間、味や香りの薄い工場製のチーズに慣れたウクライナで人気を得るのは困難を極めたが、スイスのチーズ職人に衛生管理の基本から経理に至るまでを学び、大手チェーンが主催するフェアに出展するなど地道な努力を続け、国内で最も著名なチーズ工房の一つとなった。また、理念を共有する地元の生産者の食品や工芸品を扱うショップも展開している。
　甘くスパイシーな味わいとフルーティな香りが特徴の社名を冠したセミハードチーズ「セリシキー」、6か月の熟成を経てビターな味わいと後を引くナッツの香りが良い「ナルツィス・カルパート」といったオリジナルチーズの他に、フスト地方牧羊家協会との共同プロジェクトによりカルパチア伝統のチーズ「ブルィンザ」も販売している。

スラヴ伝統のキュウリのピクルス

きゅうりのピクルス（塩漬け）

🇦 Ohirky soloni　🇺 Огірки солоні
🇰 チュドヴァ・マルカ　🇦 Chudova Marka　Чудова Марка　📍キーウ州ビラ・ツェルクヴァ市
💰 85〜　🌐 https://www.chudovamarka.com.ua/solinnia　🛒 https://auchan.zakaz.ua/uk/products/ovochi-ogirki-chudova-marka-300g--04820116703192/

　世界中で広く食べられるキュウリ、そしてそのピクルスの歴史は古く、古代ローマ時代には一年中温室でキュウリを栽培し、樽で漬物にしていたという。スラヴ人にキュウリ栽培が伝わったのはビザンツ帝国からと言われており（そのため東・西スラヴ系の言語での「キュウリ」はギリシャ語の「アングロン」が語源となっている）、ウクライナを含むスラヴの食文化におけるキュウリの重要性は高く、今でも夏に収穫したキュウリを各家庭で瓶詰めにして冬の保存食とする習慣がある。

　日本では一口に「ピクルス」と言ってしまうが、ウクライナでは酢漬けのものと塩漬けのものとがあり、味わいも異なっている。まず紹介する塩漬け（солоні）のキュウリは、キュウリを風味付けのスパイスとともに瓶に入れ、塩水を注いで自然発酵させるものだ。これによってビタミンや微量元素が損なわれることなく、栄養的にも優れた食品となる。

　チュドヴァ・マルカはビラ・ツェルクヴァで2002年に設立された、ピクルスに特化した食品加工企業で、キュウリのほかにもキャベツやトマトの塩漬けやマッシュルームの酢漬けなどを近代的な設備で欧州スタンダードに則った形で生産している。

おやつや料理に欠かせない

きゅうりのピクルス（酢漬け）

🅐 Ohirky marynovani　🆄 Огірки мариновані
🅚 ヴェレス　🅐 Veres　🆄 Верес 🅞 キーウ市
💰 85〜　🌐 https://www.veresfood.com/product/ogirky-marynovani　🛒 https://metro.zakaz.ua/uk/products/ovochi-ogirki-veres-300g-ukrayina--04820008091888/　🛒 Amazon

　自然発酵を経る塩漬けピクルスと異なり、酢漬け（мариновані）のキュウリは、自然発酵を待たずに酢酸、クエン酸、乳酸といった有機酸を加えて作られる。欠点としては酢やその他酸の成分がビタミンなどの栄養素を破壊してしまうことが挙げられるが、代わりに発酵が失敗するリスクを避けられるとともに優れた風味が付加されるのが利点だ。
　ヴェレスは 7000 ヘクタール以上の農地を有し 32 か国以上で展開する大手食品会社で、野菜の加工品やソース類、缶詰やレトルトの食品を販売している。
　成長促進剤を使用せずに自社の農地で栽培・厳選されたキュウリに、家庭的なレシピに則って新鮮なディルとホースラディッシュの葉、ニンニク、赤トウガラシを合わせてすべて手作業で瓶に漬けられたピクルスは、心地よい歯ごたえと食べだしたら止まらなくなりそうな美味しさが売りである。漬けられているキュウリのサイズによって「ピクルス」（3〜5cm）、「コルニッション」（5〜7cm）、「スタンダード」（7〜9cm）、「スタンダード＋」（9〜12cm）と分かれており、お好みや使用する料理によって選ぶことが出来る。

「イクラ」は魚卵のみにあらず

野菜のイクラ

🅐 Ikra ovocheva　🆄 Ікра овочева
🅚 ヴェレス　🅐 Veres　🅾 Верес　🅒 キーウ市
💴 90〜　🌐 https://www.veresfood.com/category/ikra-ovocheva　🛒 https://novus.zakaz.ua/uk/categories/vegetable-roe/tm=veres/　🅐 Amazon

　日本語の「イクラ」はロシア語で「魚卵」を表す икра を語源としており、ウクライナ語の ікра もロシア語と語源を同じくするが、旧ソ連圏には魚卵ではない「野菜のイクラ」がある。野菜のイクラは細かく刻んだりすりつぶした野菜に火を通して作られるペースト状の料理。主なものにはナスのイクラ、ズッキーニのイクラ、キノコのイクラなどがあり、ベースとなる野菜にタマネギ、リンゴ、ニンジン、塩、コショウ、植物油や酢が加えられる。この料理がなぜ「イクラ」と呼ばれるか語源は定かではないようだが、一説には柔らかくなった細切れ野菜の質感と、火を通すことで生まれる多少の粘り気が上質な魚卵に似ているためではないかと言われている。
　同じペースト状の野菜料理としてピュレがあるが、ピュレが主に付け合せであるのに対し、野菜のイクラはそれ自体が一つの前菜として扱われる。旧ソ連圏の食べ物の中では日本人にとっての知名度が非常に低いが、単独で食べてもパンなどに乗せてもとても美味しく、はっきり言って実は筆者のオススメ No1 料理なので、ぜひともお試しいただきたい。
　ヴェレスからはズッキーニとナスのイクラが販売されている。

ウクライナ料理のシンボルをお手軽に

ボルシチのもと

🅐 Zapravka dlia chervonoho ukrainskoho borschu
🅤 Заправка для червоного українського борщу
🇰 チュマク 🅐 Chumak 🅤 Чумак 📍キーウ市
💰 59 🌐 https://chumak.com/product/522#0
🔗 https://auchan.zakaz.ua/uk/products/zapravka-chumak-290g-ukrayina--04823096008240/

　チュマク社は「畑からテーブルへ」を標語とする、中・東欧・旧ソ連圏へも広く輸出を行うウクライナ最大の食品メーカーの一つ。トマトペースト、野菜の缶詰、ソース類を中心に展開している。中でも国内での人気が高いのが、この「ボルシチのもと」だ。ボルシチと呼ばれるこの真っ赤な東欧の伝統的スープ料理がロシアではなくウクライナ発祥であることは、2022年のロシアによる全面侵攻開始以来、日本でも知られるようになってきた。肉、キャベツ、ジャガイモ、ニンジン、タマネギ、イタリアンパセリ、ディル、そして特徴的な赤色のもとであるビーツを主な材料とするものが一般的である。ただし、ビーツを入れずにスイバ（スカンポ）とゆで卵を加えたグリーン・ボルシチなど「赤くないボルシチ」もある。日本の味噌汁のように各家庭にそれぞれのレシピがあるが、スメタナと呼ばれるサワークリームを入れてパンと一緒に食べるのが普通だ。

　チュマクのボルシチのもとにはトマトペースト、タマネギ、ニンジンや刻んだビーツが入っており、にんにくや塩である程度味付けもされているため、野菜や肉を煮込んでこれを加えるだけで簡単に本格的なボルシチを作ることが出来る。

トマト一大産地ヘルソンの心

ヘルソン風ソース

🅐 Sous "Khersonskyi" 🅤 Соус "Херсонський"
🅚 チュマク 🅐 Chumak 🅤 Чумак 🅞 キーウ市
₴ 46.5 🌐 https://chumak.com/product/513#0 🛒 https://auchan.zakaz.ua/uk/products/sous-priprava-chumak-300g-ukrayina--04823096007915/

　1996 年にチュマク社を創業したのはスウェーデンの若き企業家ヨハン・ボーデンとカール・ステュレンであった。元々は家族経営で進めていた野菜ビジネスで原料不足が生じたために新たな仕入先を模索してやって来た彼らであるが、ウクライナに自身のビジネスを打ち立てるチャンスを感じ、生産拠点としてヘルソン州のカホフカ農場を見出したのである。
　ヘルソンはトマト栽培に非常に適しているとされ、同じ南部でもオデーサ州で産出されるトマトよりもナチュラルで美味しいという。そんなヘルソン産トマトを利用した「ヘルソン風ソース」は、どんな調理法の料理にも合う理想的な万能ソースだ。厳選されたトマトにパプリカ、オールスパイス、タマネギ、香り高いハーブなどが加えられており、スープ料理にもメインディッシュにも使えるため、ピーマンの肉詰めのソースとして、肉や魚の煮込みやロールキャベツを煮るベースとして使ったり、またボルシチを作る際に加えてもよい。加えるだけで家庭料理の味わいを更に美味しく豊かにするこのソースを様々な料理に用いれば、バリエーションの幅が大きく広がるだろう。

旧ソ連人とのバーベキューには必携

シャシリク用ケチャップ

A Ketchup "Do shashlyku"　**U** Кетчуп "До шашлику"
K チュマク　**E** Chumak　**U** Чумак　**L** キーウ市
¥ 34.8　**W** https://chumak.com/product/list/53#0　**W** https://auchan.zakaz.ua/uk/products/ketchup-chumak-250g-ukrayina--04823096005614/

　チュマクはウクライナの消費者にケチャップを紹介した最初の企業だ。ウクライナで初めてのケチャップ製造を開始したことで、そもそも公的な食品分類すら割り当てられておらずトマトソースの類似品と認識されていた「ケチャップ」という調味料の認知を一気に広めたのである。

　「シャシリク」とは中央アジアやコーカサス地域の串焼き料理で、これら地域がロシア帝国やソ連に組み込まれたことで旧ソ連圏全体で広く好まれる料理となった。ウクライナでシャシリクといえばクリミア・タタールの伝統料理で、下味をつけた羊肉や野菜を炭火で焼き、ソースをかけたり酢漬けのタマネギを添えたり、新鮮なイタリアンパセリやパクチー、ディルなどとラヴァシュ（薄型パン）に包んだりして食べる。炭火焼きの肉が美味くないはずもなく、もちろん他の肉や魚を使用して家族や友人とバーベキューをするのにも最適だ。

　そんなただでさえ美味しく楽しいシャシリクに添えるべくチュマクが用意したケチャップは、穏やかな太陽の下で完熟したジューシーなトマトをベースにタイムのエキスとスパイスが加えられており、どんな肉でもその風味と味を引き立てられる一品となっている。

様々な料理に色とりどりの味付けを

スパイスソース

🅐 Sousy-prypravy　🆄 Соуси-приправи
🇰 チュマク　🅐 Chumak　🇺 Чумак　📍キーウ市
💰 30〜　🌐 https://chumak.com/product/list/45#0　🛒 https://auchan.zakaz.ua/uk/search/?q=Чумак&category-id=sauces-and-spices-auchan

　マクドナルドにキュウリ（ピクルス）やケチャップ、そしてソースを供給するサプライヤともなっているチュマクだが、そのソースのラインナップは非常にバラエティ豊かだ。
　「サワークリームオニオン」「チーズソース」「スイートチリ」「タルタル」「ガーリック」「フレンチマスタード」「テキサスBBQ」といった日本でも見られるわりと一般的なもののほか、「バーガーソース」「チーズバーガーソース」「シャウルマ（ケバブ）ソース」といった特定の料理向けのソースがあるのも面白い。日本ではなかなか見られないものとしては、水切りヨーグルトにキュウリやニンニク、オイルとハーブを加えパンや肉料理と共に食されるギリシャのソース「ザジキ」、トマトやパプリカ、タマネギに様々なスパイスが加わって肉に料理にとても似合うジョージアのソース「サツェベリ」などがある。毎日の食卓を面白く、変化に富んだものにしてくれるこれらのソースはいずれもドイパック入りで使いやすく、冷蔵庫の中でさほど横幅を取らず邪魔になりにくいのも地味ではあるがありがたい。
　一応、醤油やテリヤキ醤油なるものもあるのだが、日本人の口に合うかは保証できない。

ファミリーメイドのクラフトソース

Mr. Caramba

A Kraftovi sousy　**K** クラフトソース　**U** Крафтові соуси
O ドニプロペトロウシク州ジョウチ・ヴォディ市
₴ 159〜　https://www.instagram.com/caramba.sauce
https://silpo.ua/category/sousy-4949/f/brand=mr-caramba

　ウクライナで一般的なソースといえばケチャップやマスタード、マヨネーズに限られてきたが、ここ10年ほどの間にユニークな組み合わせにより新たな風味を持った小規模生産のクラフトソースも発展しつつある。家族経営のMr. Carambaはマルハリータとロマンのマルティノウ夫妻が立ち上げたブランドで、一般的なチリソースやスイートチリ、バーベキューソースなどのほかに、クランベリー＆ポートワイン、チェリー＆ガーリック、リンゴンベリー＆赤ワイン、マンゴー＆ハバネロペッパーなどといったフルーツを活用した珍しい組み合わせのソースで知られる。

　ロマンは2013 − 14年ごろ、ウクライナのソース市場でホットソースにニッチの空白があることに気が付くとともに、当時自家製ヴァレンニャ（果物のプレザーブ）作りが流行っていたことから、ベリー類からソースを作ることを思いついたという。2014年には第一号となるソースが完成し、Kyiv Food Marketに出展したところ好評を得、ビジネス化に至った。公式サイトはないがInstagramを広告・販売プラットフォームとして活用しており、大手スーパーチェーンのシリポ（Сільпо）でも取り扱いがある。

最新技術で生産される高品質ハチミツ

BEEHIVE

🇦 Мед 🇰 ハチミツ 🇺 Мед
📍 チェルカーシ州チョルニャウカ村
💰 107～ 🌐 https://beehive.ua/
🛒 https://rozetka.com.ua/ua/med/c4645608/producer=beehive/

　ウクライナといえばハチミツも有名だ。古くから養蜂を営んできたウクライナには、それを示すようにメデニチやボルトニチなど、「メド」（мед、ハチミツ）や「ボルチ」（борть、木の洞に作られた蜂の巣）の含まれた地名が多く存在する。ハチミツや蜜蝋は農民の税でもあり、西ヨーロッパに輸出される特産品でもあった。養蜂は森の中のミツバチの巣を破壊する原始的なものに始まって段階的に発達していったが、その技術に革命が起きたのは1814年、ウクライナの科学者ペトロ・プロコポヴィチが世界で初めて巣を壊さずに蜜を収穫できる巣枠を発明したことである。これにより養蜂業はウクライナのみならず世界中で飛躍的な発展を遂げていく。

　日本の一般的なスーパーで手に入るような安価なハチミツははっきり言って食用に耐えないが、ウクライナ産ハチミツはどれもとにかく美味しく、香り高い濃厚な甘さがある。Amazonでも2kgで¥3000というオトクなウクライナ産ハチミツが売られていることをご存知の方もいるだろう。中国産の安価な「ハチミツ」という名の色付きシロップを買うくらいならウクライナ産の本物のハチミツを買おう。

色が濃く香りの強いソバハチミツ

ハチミツ3種の詰め合わせはお土産や贈り物に最適

200Lドラム缶でヨーロッパや中東、アジア、北米に輸出されている。

ハチミツは独自の徹底した安全・品質基準で管理されている

　BEEHIVEは生産量年間1万トン以上、20か国以上に輸出する有力企業。自社のみならずウクライナのハチミツ産業全体を見据えた経営判断を行っているとされ、独自のBEEHIVE Standardなる基準を設けて、環境や温度条件に非常に敏感なハチミツの特性・組成を最大限保存する生産サイクルの導入や生産の全工程における徹底した安全・品質管理が行われており、EUオーガニック認証をはじめ、IFSやFDAといった国際的な認証を受けている。設備も最新のもので、40℃以下の低温での結晶除去技術や、容量20トンのホモジナイザー2台が導入されている。取り扱っているのは、明るい色合いに繊細な味と鮮やかな香りのあるアカシアハチミツ、様々な異なる植物の豊かな香りと味が組み合わさった百花蜜、濃い茶色をして非常に強い香りとどっしりとした味わいが特徴のソバハチミツ、ウクライナで最も人気があり濃厚でクリーミーな口当たりが紅茶に似合うヒマワリハチミツ、軽い苦みを持ちミントと木の香りを含んだ強い芳香が特徴的なリンデンハチミツ、繊細な芳香と独特の味わいを持った絹のように柔らかい「ハチミツの真珠」とも呼ばれるホワイトフラワーハチミツなど。

輸出に特化した４つのハチミツ

Mel Apis

🅰 Med　🇰 ハチミツ　🇺 Мед
📍 キーウ市
₴ 89〜　🌐 https://melapis.ua/en/　🛒 https://shop.melapis.ua/

　Mel Apis はキーウを拠点とし、ウクライナ産のハチミツを輸出するために設立された輸出志向型企業である。国内各地から４種のハチミツを取り扱っており、チェルカーシの森林地帯のアカシアハチミツは、ほどよい粘り気と繊細な香り、高い透明度と多くの薬効を持ち結晶化しにくい。淡い緑がかった色合いに複雑な香りと少しの苦み、またなにより有用なビタミンやその他栄養素の含有量で突出したリンデンのハチミツは、チェルカーシの森とスーミの２か所からのものが販売されている。ヴォリーニのポリッシャ（沼沢森林）地帯からは特徴的な暗い色に鉄分、タンパク質、ビタミンＢ群を豊富に含みほのかな苦味と独特のスパイシーさのあるソバハチミツが、そしてチェルカーシのチョルノーゼム（黒土地帯）からは明るい琥珀色の中に活性成分を多く含み、特有の酸味と心地よいかすかな香りを持つヒマワリハチミツがラインナップに含まれている。これら複数種のハチミツの瓶をシンプルだが気の利いたデザインの合板製の容器にいれたギフト・セットや、お茶に加えやすいよう生分解性プラスチック製のスティックにハチミツを詰めた「ハニーストロー」というアイディア商品もある。

滋養たっぷりのカルパチア・ハニー

メド・カルパート

🅐 Med　🅚 ハチミツ　🅤 Мед
🅐 Med Karpat　🅤 Мед Карпат　📍 ザカルパッチャ州フスト市
₴ 85〜　🌐 https://medkarpat.com/　🔗 https://medkarpat.com/product-category/honey/

　メド・カルパートは40年以上続く家族経営の養蜂場で、カルパチア山脈の厳しい地形や気候の中、カルパチア固有のミツバチ品種スィネヴィル種のコロニーが1000以上飼育されている。
　製品のパッケージデザインはこれまで紹介してきた他社に比べるとレトロ感があるが、取扱製品は豊富で、ハチミツでは4月に採取される甘い香りが特徴の「初咲り」、子どもからハチミツマニアまでに好まれる「5月採り」、風味豊かな「夏採り」、針葉樹の香りを持つカルパチアならではの「高山採り」、花蜜と花を咲かせない樹木などの蜜を組み合わせた貴重な「ワイルド・ハニー」、ブルーベリーの単花蜜で洗練された香りを持つ「ヤフィナ・ハニー」（ヤフィナはカルパチア方言で「ブルーベリー」）、高山植物のウラジロタデとカナディアンゴールデンロッドから8－9月に生産されるウクライナでは珍しい「ヴェイリフ・ハニー」がある。このほかプロポリス単体はもちろんハチミツ、花粉、プロポリス、ハチノコなどを様々に配合した多種多様な健康食品、ハニードリンク、蜜蝋ベースのハンド・ボディクリームやロウソクなど、養蜂で産出されるものは何でも取り扱っていると言ってよい。

退役軍人立ち上げブランドの味付けハチミツ

フロント・メド

🇦 Krem-med　🇰 クリーム・ハニー　🇺 Крем-мед
🇦 FrontMed　🇺 ФронтМед　📍 フメリニツキー州シェペチウカ市
☎ 107 〜　🌐 https://frontmed.com.ua/　🔗 https://frontmed.com.ua/krem-med/

　フロント・メドは、2014年に始まるロシアのウクライナ侵略に対抗する「対テロ作戦（ATO）」で前線で戦った経験を持つ退役軍人らが2017年に設立した。2022年の全面侵攻開始後は、彼らの妻たちが前線に戻った夫の事業を引き継いで発展させ続けている。オリジナルのレシピによるナチュラルなスイーツとハニー・デザートが売りで、天然ハチミツのほか、ナッツのハチミツ漬けや花粉入りハチミツなど品揃えは豊富。なかでも日本であまり見られないのが、ベリー類やフルーツ、ナッツなどのフレーバーとなる素材をミックスしたクリーム・ハニーだ。フリーズドライされて混ぜ込まれたフルーツやベリーは、天然ハチミツの強い風味の中でも本来の味や香りを失わず、調和して新たな味わいを生み出している。フルーツ・ベリー以外にもホワイトチョコレート、ミルクチョコレート、ダークチョコレートという、甘いものに甘いものを重ねたもの、健康に良さそうなフラックスシードが混ぜ込まれたものもある。この他にミックスフレーバーもあり、今風のキウイ＆チアやオリエンタルなクルミ＆ドライアプリコット、トロピカルなココナッツ＆アーモンドなど、組み合わせが面白い。

古くから食べられる自然由来の健康食品

Bee Lab

A Horikhy v medi　**K** ハチミツ漬けナッツ　**U** Горіхи в меді
O ハルキウ市
₴ 100 〜　 https://beelab.in.ua/ua/　 https://beelab.in.ua/ua/product_list

　ナッツのハチミツ漬けはただの美味しいおやつとしてだけでなく、体に良い物質を多数含んだ健康食品として古くから知られている。免疫系をサポートし、脳機能を向上させ、体全体の調子を整える自然由来の活力剤だ。

　創業から三代目となるBeeLabはこのハチミツ漬け製品を中心に取り扱う養蜂場で、今代からオンライン対応（ウクライナ国内のみ）も開始した。ハチミツに漬けられているのはピーナッツ、アーモンド、カシューナッツ、ヘーゼルナッツ、クルミのほか、ヒマワリの種、カボチャの種などがある。いかにも効きそうなのが「健康増進ペースト（Оздоровчі пасти）」と名付けられたハチミツベースのペーストで、クルミ、ドライアプリコット、レーズン、イチジク、デーツ、プルーン、ショウガ、レモン、フラックスシードを混ぜ込みウクライナの著名な医師の名にちなんだ「アモソフ・ペースト」、クルミ、オレンジピール、パイナップル、イチジク、レーズン、レモン、ショウガ、ターメリックを練り込んで強壮効果を強めた「ビタミン・ペースト」、フラックスシード、ゴマ、カボチャ種、ブラッククミンなど種系を混ぜた「スペシャル・ペースト」がある。

国際的一大スイーツ・メーカー

ROSHEN

🅐 Solodoschi　🅚 スイーツ　🅤 Солодощі
🅚 ロシェン　📍 キーウ市
💰 18〜　🌐 https://roshen.com　🛒 https://roshenstores.com/catalog
🛒 https://search.rakuten.co.jp/search/mall/roshen/551167/

　ウクライナのスイーツといえばロシェンを紹介しないわけにはいかない。東欧最大の製菓メーカーであり製菓会社世界トップ30に名を連ねるロシェンは、第5代大統領ペトロ・ポロシェンコ氏がオーナーであることでも有名だ。チョコレートをはじめとして、ゼリー菓子、キャラメル、トフィー、ビスケット、ウエハース、ケーキなどなど320種類以上の高品質の菓子を世界中に送り出している。年間総生産量はなんと、およそ30万トンだ。キーウを始めウクライナ国内5か所、またリトアニアのクライペダ、ハンガリーのブダペシュトに生産拠点を有し、世界55か国で販売されている。日本にも代理店が存在したが、本書執筆時点ではオンライン上では入手が困難で、楽天市場で取り寄せ販売が行われているようだ。

　その企業規模はもはやいち製菓会社にとどまらず、慈善事業や社会・文化プロジェクトも多数実施している。2024年7月にロシアの卑劣なミサイル攻撃の被害を受けたことが日本でも大きく取り上げられたオフマトディト小児病院に対し、ロシェンは2015年以来数千万フリヴニャを投じて最先端の手術機器や院内設備の導入、ライフラインの更新を行って

贈り物に最適な箱詰めチョコ

かつてはロシアの菓子売り場を埋めつくしていたが……

筆者イチオシのスリーフキ・レニーフキ

オーナーの元大統領ポロシェンコ

きた。また対ロシア戦争での負傷者への国内外での治療・リハビリ支援、劇場の再建、動物園の改装、アイススケートリンクの設置などにも携わっている。

　そのラインナップはあまりにも多いため詳細は割愛する。東欧の周辺国や中央アジア・コーカサス地域のスーパーではどこでも売っているので、こうした国々に行く機会のある方々は是非探してみてほしい。なお、筆者のオススメは「スリーフキ・レニーフキ（Сливки-ленивки）」だ。パッケージにも書かれているこの商品名はロシア語のため、ウクライナ語でヴェルシキ・リニウツィと訳されていることもある。ミルクの味が効いたトフィー（イリス／ipиc）で、食べだしたら止まらない魔力がある。同じ名前のラインナップとしてワッフルタイプも広く売られているので注意（もちろんこちらも美味しいが）。

　元々はロシアでも非常に有名で人気の高いメーカーであったが、戦争が始まった2014年にはロシアへの輸出を停止、翌2015年には露リペツクの工場を閉鎖、ロシア国内でのフランチャイズも廃止、全面侵攻が始まった2022年2月24日以降はベラルーシへの供給も停止するなど徹底した対応が取られている。

チョコレートの都リヴィウの「良き甘味」

リヴィウ・ハンドメイド・チョコレート

A Kraftovyi shokolad　K クラフトチョコレート　U Крафтовий шоколад
A Lviv Handmade Chocolate
U Львівська майстерня шоколаду　O リヴィウ市
₴ 139～　https://www.chocolate.lviv.ua/　https://www.chocolate.lviv.ua/uk/shop/tafli/

　古都リヴィウは中世からすでにその産する「良き甘味」で名を馳せ、19世紀にはリヴィウ産チョコレートがヨーロッパ中に輸出されていたとされる。手作りチョコレート・メーカーの中でも著名な大手リヴィウ・ハンドメイド・チョコレートは、この伝統とヨーロッパの手作りチョコレート作りのベスト・プラクティスに基づいて、独自の新たな伝統を作り出している。

　現在は60種以上のスイーツを取り揃えているが、創業時に試行錯誤の末に開発された12種のうち、軽いミルクチョコレート・ベースのクリームをアーモンドフレークで覆った「リヴィウシカ・アムルカ」、ホワイトチョコレートにコーヒーとマジパン（マルツィパン）のフィリングを入れクルミを乗せた「マルツ・イ・パンナ」、アーモンド、ヘーゼルナッツ、カシューナッツ、ピスタチオをホワイトチョコとココアでコーティングした「カイザーヴァルト」、コニャック風味のナッツクリームをミルクチョコレートでコーティングした「ツィサルシカ」、ミルクチョコとホワイトチョコのクラムで包んだバニラ風味のダークチョコレートベースのガナッシュ「ベルナルディンカ」の5つは、今もファンを楽しませ続けている。

男たちの生み出すユニークな手作りチョコ

13beans

🅐 Kraftovyi shokolad 🅚 クラフトチョコレート 🅤 Крафтовий шоколад
📍キーウ市
💰 130 〜　🌐 https://13beans.com.ua/
🛒 https://13beans.com.ua/product-category/13beans-craft-chocolate-shop/chocolate/

　もともとチョコレート菓子の人気が高いウクライナでは、近年、工場での大量生産品には出せないクオリティとオリジナリティを求め、クラフト・チョコレートのメーカーが増加しつつある。13beans を立ち上げたのは友人どうしの 3 人組の男たちで、山歩きをしている際にビジネスを始めようという話がまとまっていったそうだ。彼らの最初のチョコレートが作られたのはただのアパートで、YouTube やオンライン講座を見ながら実験をしていったという。その後およそ 4000 ドルで専用の工房を入手し、カカオ豆を挽くグラインダーを購入した。香り高い高品質の豆からチョコレートを作ることこそが、ほかのチョコレート・メーカーと差をつけられるポイントのひとつであると考えたためだ。
　表面にベリーやナッツなどを散りばめた板チョコは見た目にも楽しく、またチョコレートがけベリーは新鮮な中身とチョコがうまく引き立て合っている。ユニークで面白いのが「チョコレートのしみ（шоколадні плями）」と名付けられたシリーズで、チョコレートが凍った水たまりのような見た目のこのデザートは他にはないオリジナルだ。

密輸してでも食べたい老舗のチョコ

Svitoch

A Solodoschi　**K** スイーツ　**U** Солодощі
U Світоч　**O** リヴィウ市
℡ 21 〜　**⊕** https://www.nestle.ua/brands/pastry/svitoch
🛒 https://rozetka.com.ua/ua/producer/svitoch/

　ウクライナを代表するスイーツメーカーの Svitoch は、1882 年創業の老舗高級チョコレート・ブランドだ。かつてヨーロッパのチョコレートの都と呼ばれたリヴィウで創業された同社は地元の職人の技術や品質にこだわり抜き、今でも食べた人に感動を与えるよう常に改良を続けている。カカオ豆やコーヒー豆以外の原料はすべてウクライナ産を使用している。国外でも人気を得ている Svitoch のチョコレートは、ソ連時代の 70 年代初頭、非合法な手段を用いてでも持ち出されたといわれる。関税を避けるべく箱詰めのチョコをばらし、スーツケースのあちらこちらに隠して運ばれたというのだ。また、行政手続きが遅々として進まないソ連の役所で便宜を図ってもらうために使われたのも Svitoch のチョコであったとされる。1998 年には Nestle の傘下に入ったことでさらなる発展を遂げた。
　ウクライナ語ではチョコの中にキャラメルやマジパン、クリームなどの内容物を詰めたものもキャンディと同じツケルカ（цукерка）という語で呼ぶが、複数種のツケルカが箱詰めされたチョコの詰め合わせはお土産の定番で、どんな相手でもまず外すことはない。

第 7 章

ドリンク

ウクライナでは今でも各家庭でお酒を作るのが合法で、日本とはまた異なった意味で伝統的にアルコールとの距離が近い。西欧圏の強い影響を受けた西部と東欧色の強い東部の文化、そして家庭での酒造文化が合わさって非常に多種多様なワイン、ウォッカ（ホリールカ）、ビール、リキュールなどが楽しまれている。本章ではこうしたお酒のほか、特徴的な清涼飲料水や近年新たに人気を得つつあるドリンクも合わせて紹介したい。

西ウクライナ伝統酒のリバイバル

ピヤナ・ヴィシュニャ

Ⓐ Piana Vyshnia　Ⓤ П'яна Вишня
Ⓐ PIANA VYSHNIA UKRAINE　Ⓤ П'яна Вишня　Ⓞ リヴィウ市
₴ 450～　🌐 https://pianavyshnia.com/　🛒 https://shop.pianavyshnia.com/

　ウクライナの伝統的アルコール飲料として挙げられるのが、ナリウカ（наливка）とナストヤンカ（настоянка）だ。どちらもアルコールにフルーツなどを漬けたリキュールであるが、ナリウカは日本の梅酒に似て生のベリーやフルーツを砂糖やハチミツと共にアルコールに1か月～半年ほど漬け込んだ比較的度数の低いドリンクで、ワインのように飲まれる。対してナストヤンカはフルーツ類の他に薬草・ハーブや種子・ナッツ類などを数週間程度漬けこんで薬効を期待した度数の高いもので、通常は少量を飲む。
　ナリウカやナストヤンカは元来、各家庭それぞれのレシピで作られ消費されるものだったが、ピヤナ・ヴィシュニャはウクライナ西部を中心に伝統的に飲まれてきたチェリー・ナリウカ／ナストヤンカである「ヴィシュニウカ」の市販品として最も愛されるブランドである。ウクライナ古来からの伝統であるナストヤンカ作りの文化を復活させたいという願いに応えるべく生まれた製品であり、現代における古きリヴィウの真のシンボルの一つに数えられるといって過言ではない。なお、「ピヤナ・ヴィシュニャ」とは直訳で「酔っぱらったサクランボ」を意味する。

元となるのはウクライナ西部伝統の「ヴィシュニウカ」だ

ショップには人が絶えず内装も凝っている

「リヴィウ最高のナストヤンカ」の記載が自信を表すロゴ

中にはワイン風のボトルのものも

　代々受け継がれてきた古くからの製造法を基に引き出される、コニャックのベースそして厳選されたサクランボが醸し出す甘みと豊かな香りが特徴で、度数は 17.5 度とワインより少々高いが口当たりは軽く、少量でもふわりとした心地よいほろ酔い加減へと導かれる。飲みやすいため女性や若者も楽しめるし、食前酒や食後酒としても最適である。製品ロゴに書かれた「リヴィウ最高のナストヤンカ」の名に恥じない、一度飲んだら忘れられない大変美味なドリンクだ。冷やして飲んでもいいし、室温でも美味しくいただける。チョコレートやアイスクリームと一緒に飲むのもいいだろう。ワインボトルに似た形状の瓶に入ったものも見受けられるが、気開栓のついた角瓶のほうがより「自家製酒」感があって趣がある。

　ピヤナ・ヴィシュニャは 2015 年にリヴィウで第一号店舗を開店したのち、非常に高い人気を得てウクライナ全国に店舗を展開している。国外ではラトヴィア、英国、ポーランド、ハンガリー、リトアニア、エストニア、ルーマニア、スロヴァキア及びモルドヴァでも 24 店舗が所在しており、これらの国々で入手することもできる。

カルパチア山脈が育んだデザートワイン

チザイ　トロヤンダ・カルパート

Ⓐ Chizay Troyanda Karpat　Ⓤ Чизай Троянда Карпат
Ⓚ シャトー・チザイ　Ⓐ Chateau CHIZAY　Ⓤ Шато Чизай　Ⓞ ザカルパッチャ州ベレホヴェ市
Ⓔ 677　🌐 https://chizay.com/　🔗 https://chizay.com/product/troyanda_karpat/
🛒 https://shop.vinopioner.co.jp/

　ザカルパッチャ地方では、火山性のカルパチア山脈の土壌、そして豊かな日照量と清浄な水を基に古くからワイン造りが発展してきた。この地方のワインは中世の王侯貴族から、近代国家の大統領らにまで飲まれている。ザカルパッチャのワイン造りは、その地理的位置と歴史的経緯からハンガリー、イタリア、オーストリアの伝統が融合したユニークなものだ。この文化の融合こそが色彩豊かなザカルパッチャ・ワインを生み出したといえる。

　シャトー・チザイは、ブドウ畑に囲まれた醸造所を有する地方の領地を意味するフランス・ワインの「シャトー（城）」というコンセプトとその美学に触発され、1995年にザカルパッチャ州の古都ベレホヴェ近郊のチザイ地域で設立された。ザカルパッチャの理想的なテロワール（作物の生育環境）にある272ヘクタールの農地で育ったブドウのみを、地元の伝統を尊重しつつもヨーロッパで近代的なワイン製造法を学んだ職人たちが取り扱っている。勤勉と誠実、自然への敬意、仕事への愛情を活動指針として掲げるこのワイナリーの美学は、ただ高品質のワインを作ることで満足せず、それ以上のユニークさを求めるというものである。

ザカルパッチャに再現された「シャトー」

鮮やかな色彩のブドウ、ピンク・トラミネール

ウクライナ語の「トロヤンダ」はバラを表す

チザイの広大なブドウ農園

　「トロヤンダ・カルパート」は白のデザートワインで、ザカルパッチャを象徴する逸品である。「トロヤンダ」とはウクライナ語で「バラ」を意味する。1990年代後半、ザカルパッチャのブドウ畑は衰退し、「トロヤンダ」の生産も止まってしまったが、シャトー・チザイの尽力によって復活することとなった。ピンク・トラミネールからフレンチ・オーク樽での2年以上の熟成期間を経て造られる「トロヤンダ・カルパート」の芳香は、まずオレンジとパイナップルの砂糖漬けが香り、次いでバニラとキャラメリゼされたナッツがドライ・アプリコットと桃のコンフィチュールを引き立て、野花の淡い香りでリフレッシュされる。味わいは厚みがあり、バランスの取れた力強さを感じるもので、デーツやオレンジを使ったデザートのほか、バニラ・アイス、チョコレート・ケーキとの相性が良い。
　ウクライナ最高のワインとして名高く、2022年パリ・ワイン杯でBest Wine By Quality賞とゴールド・メダルを受賞したほか、ジャパン・ワイン・チャレンジ2023ではプラチナ・メダルを授与されている。ぜひ特別な日のために購入を検討いただきたい。

「チザイ」を代表するドライ白ワイン

チザイ　フルミント

🇦 Chizay Furmint　🇺 Чизай Фурмінт
🇰 シャトー・チザイ　🇦 Chateau CHIZAY　🇺 Шато Чизай　📍ザカルパッチャ州ベレホヴェ市
📞 327　🌐 https://chizay.com/　🔗 https://chizay.com/product/furmint/

　「チザイ フルミント」はシャトー・チザイのワインの中でも最も有名な白ワインの一つで、ロンドン・ワイン・コンペティション 2021 ではシルバー・メダルを受賞している。ドライ・ワインである「フルミント」は、搾りたてのフルミント種の果汁を完全発酵させ、オーク製のバリック樽で熟成される。9 か月間の熟成を経て濃厚な黄金色を呈しており、その芳香はバニラと熟した桃をメインに、アカシアと桃の花、またほのかにドライアプリコット・ケーキとマースダム・チーズが加わった、さながらオーケストラのように豊かなものである。鮮烈で色彩豊かな香りとは対照的に味わいは爽快で、スッと芯が通っている。白身魚、鶏肉、野菜、ハード・チーズとの相性は最高で、魚介類やパスタと合わせるのもよい。
　シャトー・チザイのワイン全般に言えることだが、その価格は現地で 300 フリヴニャ少々と比較的安価で、品質の高さを踏まえると非常にコスパの高いワインと言えるだろう。
　本書執筆時点で日本で取り扱っている業者が無いのが残念である。

カルパチア伝統のスパークリングワイン

チザイ　カルパチアン・ゼクト

A Chizay Karpatskyi Sekt　**U** Чизай Карпатський сект
K シャトー・チザイ　**A** Chateau CHIZAY　**U** Шато Чизай　**O** ザカルパッチャ州ベレホヴェ市
₴ 199〜　**W** https://chizay.com/
L https://chizay.com/product-category/all-products/carpathian-sekt/

　「Sekt」とは、オーストリア・ハンガリー時代の19世紀末、オーストリア、ドイツ、チェコのスパークリングワインにつけられた名称であるが、チェコ・スロヴァキアではスパークリングワインそのものを表す名称となり、ザカルパッチャでもその伝統が受け継がれている。「カルパチアン・ゼクト」は、シャトー・チザイがザカルパッチャ産のスパークリングワインとして復活させた名称で、ヨーロッパのシャルマ＝マルティノッティ方式で製造されている。タンク方式とも呼ばれるこの製法は、アクラトフォル（акратофор）と呼ばれる大型の容器で自然発酵させた後に瓶詰めを行うものだ。この製法によってワインの柔らかみと新鮮な芳香と味わいが保証される。
　伝統的には、ヨーロッパ最良のゼクトは単一のブドウ品種から造られていた。シャトー・チザイでは、地元特産のチェルセギ、伝説とも言われるピンク・トラミネール、そしてヨーロッパで愛されるブラウフランキッシュの3種それぞれから醸造されるゼクトが揃っている。こちらは現地価格でいずれも199フリヴニャと、非常に入手しやすい値段となっている。

伝説のテニス選手が作るオレンジワイン

トラミネール・オランジュ

🅐 Traminer Oranzh　🅤 Трамінер Оранж
🅚 スタホフスキー・ワインズ　🅐 STAKHOVSKY WINES　🅞 ザカルパッチャ州ムジイェヴォ村
💰 840～　🌐 https://stakhovskywines.com/
🛒 https://shop.stakhovskywines.com/ua/catalogue/orange-wines/
🛒 https://shop.vinopioner.co.jp/

　STAKHOVSKY WINESは、ウクライナの伝説的テニスプレーヤーであるセルヒー・スタホフスキー（スタホウシキー）が立ち上げたブランドだ。スタホフスキーは2010年まで全く酒を飲まなかったという。ボルドーでの全仏オープンの前夜祭で監督が差し入れた赤ワインを断ったスタホフスキーは、他のチームメンバーから「狂ったウクライナ人（Crazy Ukrainian）」との称号を得てしまったそうだ。その後根負けしてボルドー・ワインを味わってみて以来、ワイン文化そのものに引き込まれていき、2015年初頭に独自ブランドの立ち上げに至ったのである。

　「トラミネール・オランジュ」は、手摘み収穫のピンク・トラミネールを使用した、ノン・フィルターのオレンジ・ワイン。オレンジ・ワインとは白ブドウ品種を用いながら、赤ワインと同様に果皮、果肉、果汁そして種を合わせて圧搾したパルプを発酵させて造られる。ブドウの果汁が果皮と接触している時間が長いほど、ワインの色と香りが豊かになる。「トラミネール・オランジュ」も美しい琥珀色が特徴で、その芳香はブルガリアンローズとホワイトフラワー、フルーツのマーマレードを思わせる。

バイオ・ダイナミック農法によるエコワイン

ビオロジスト　イントリガ

🅐 Intriga　🅤 Iнтрига
🅚 ビオロジスト　🅔 BIOLOGIST　📍 キーウ州リスニキ村
₴ 860　🌐 https://www.biologist.com.ua/en/　🛒 https://www.biologist.com.ua/en/shop/intrigue/
🛒 https://shop.annavinos.co.jp/items/80225588

　BIOLOGISTは、ナチュラル・ワインに特化したクラフト・ワイナリー。バイオ・ダイナミック農法で栽培されるブドウの収穫はすべて手作業で行われ、完熟した傷のない実だけが選別される。大半のワインは、乾燥させた果梗（実を取ったあとの軸の部分）を加え、6〜10日という長いマセラシオン（醸し）を経て、フィルターを通すことなくワイン本来の味を保っており、また発酵にはフルーツやベリー類の皮に付着している野生の酵母を使用しているため、ピノ・ノワールやメルロー、オデーサ・ブラック、ルカツィテリ、シャルドネ、アリゴテといった品種では自然発酵が起こり、ワインの個性が際立つ。
　「イントリガ」は、ピノ・ノワール、カベルネ・ソーヴィニヨンそしてメルローから造られる赤のドライ・ワイン。濃厚なダーク・ルビーの色を呈するこのワインは同社のフラッグシップで、野生酵母での自然発酵の後、12か月の熟成を経て得られるプルーン、カシス、ブラックベリー、ストロベリーからなる複雑な芳香が特徴である。長く尾を引く温かな余韻を持つこのワインは、ステーキ、リブ、各種のハモン（スペイン生ハム）、燻製肉など赤身の肉料理との相性が良い。

ドリンク

ジョージア生まれウクライナ育ちの白ワイン

ギギ　ルカツィテリ

🅐 Rkatsiteli　🅤 Ркацителі
🅚 ギギ・ワイナリー　🅐 GIGI Winery　🅞 ヴィンニツャ市
💰 770　🌐 https://gigi.wine/　🛒 https://gigi.wine/shop/rkatsiteli-2018-wite/

　ワイン発祥の地として名高く、現在もコスト・パフォーマンスや全体的な品質において「ワインの本場フランス」を遥かに凌駕するワインを生産し続けているコーカサス地方のジョージア。このジョージアにルーツを持つヴィンニツャの実業家ヴォロディミル・ギギネイシヴィリが設立したのが GIGI Winery だ。同社の存在はウクライナの多様なワイン文化、そして様々な人種と文化が行き交ってきたウクライナを象徴するもののひとつと言ってもよいだろう。なお、ジョージア人の苗字は「〜シヴィリ (-швілі)」や「〜ゼ (-дзе)」で終わることが多く、メディアを追っているだけでもたまに見かける程度にはウクライナでもこうした苗字が見られるので、少し気にしてみると面白いかもしれない。
　「ルカツィテリ」はジョージアで伝統的に使用されてきたブドウ品種で、特に東部ジョージアではそこら中で見られるものだ。GIGI Winery ではこれをオーク樽で熟成させている。その芳香は調和が取れていて、ドライフルーツのニュアンスがある。味わいはフルボディで、ナッツのニュアンスを伴って柔らかい。シーフード、サラダ、熟成の浅い若いチーズに似合う。

潮風と太陽が育てたマニアックな逸品

アルタニア　赤

A Artania Chervone　**U** Артанія Червоне
K ベイクシュ・ワイナリー　**A** Beykush Winery　**U** Вина Бейкуш　**O** ミコライウ州チョルノモルカ村
e 520　**@** https://beykush.com/　**L** https://beykush.com/product/artaniya-chervone-2021/
Y https://vinopioner.co.jp/

　黒海のベイクシュ岬に設置されたベイクシュ・ワイナリーのブドウ畑では、トルコ系民族によって持ち込まれたウクライナ土着品種テルティ・クルック（「キツネの尻尾」を意味する）など、赤白ともに非常に多種多様な品種が栽培されている。三方を海に囲まれ常に風に吹かれる気候はカビによる樹木の病気のリスクを軽減し、年間平均225日という高い日照率と400mmというブドウの生育に必要な最低量を下回る降水量も、この立地によって、ブドウの木が十分に太陽を浴びながら過度の熱ストレスを避けて生育するのに最適な条件となっているのだ。
　「アルタニア　赤」はカベルネ・ソーヴィニヨン、メルロー、ピノ・ノワール、ピノタージュとマルベックのブレンドとなっている。オーク樽で熟成されたワインは、スパイシーなプラム、バニラ、ジューシーなチェリーの香りをまとっており、ディナーでも賑やかなパーティーでも楽しめる一品となっている。グラスを傾けながら物思いにふけるのもまたよいだろう。20分もすればストロベリーとスパイシーなアニスの香りも現れるからだ。適温は16～18℃、ステーキをはじめとする肉料理やパテとの相性が良い。

情熱が生んだクラフト赤ワイン

サタデー・ドリーム　2021　マグナム　バリック

🅰 Saturday Dream 2021 MAGNUM Barrique
🅚 アクシズ・ワイン　🅐 Axis wine　🅠 リヴィウ市
🅔 1950　🌐 https://axiswine.ua/
🔗 https://axiswine.ua/product/копияsaturday-dream-2021-magnum/

　Axis Wine はリヴィウに本社を置くクラフト・ワイナリー。同社のコンセプトは「ヨーロッパの古典的なブドウ品種から高品質のドライ・ワインを生産する」という点にある。ブドウ畑はウクライナで最もブドウ栽培に適すると言われる地域であるオデーサ州南部、沿ドナウ・ベッサラビアに位置する。この地域の気候は、豊かな芳香を持つ高品質のフルボディ・ワインを製造するのに適し、このブドウ畑の木の樹齢も18年以上と成熟しつつあるため、今後さらにユニークなワインが生まれる潜在性を持っている。また、同社は2021年にアパッシメント技術（陰干しして水分を50％ほど飛ばし糖度を高めたブドウからワインを作る技術）を導入しており、高品質なフルボディ赤ワインはフレンチオークのバリック樽で6〜24か月熟成される。
　「サタデー・ドリーム」はカベルネ・ソーヴィニヨンとワイン発祥の地ジョージア古来の品種であるサペラヴィをそれぞれ6：4でブレンドした、アパッシメント・ワイン。フレンチオークで12か月熟成されたこのドライ・ワインは、程よい酸味とさくらんぼ、焼き菓子、ダークチョコレートのニュアンスを感じる複雑な芳香が特徴となっている。

ワイナリー・メイドのナリウカ

チェリー・ナリウカ

A Vyshneva nalyvka　**U** Вишнева наливка
K シャトー・チザイ　**A** Chateau CHIZAY　**U** Шато Чизай　**O** ザカルパッチャ州ベレホヴェ市
₴ 217　🌐 https://chizay.com/　🔗 https://chizay.com/product/cherry/

　ザカルパッチャのワイナリー「シャトー・チザイ」によるチェリー・ナリウカは、厳選されたブドウから造られたワインを複数回蒸留したリカーをベースとしており、サクランボの甘く濃厚な味わいと、サクランボの種に由来する繊細な香りが特徴である。その深い赤色は、木の上で熟し太陽の光を浴びて輝く木の実を連想させる。香りはすぐにサクランボを思い起こさせるものではなく、まず最初にベースとなるワイン蒸留液によるブドウの香気が広がる。またその味はサクランボのジューシーさのみならず、サクランボ種の持つスパイシーさが表れた深みのあるものだ。アルコール度数は 21 度。食後酒に最適で、フルーツやデザート、チーズとの相性は完璧である。もちろん単独でそのまま一口一口を楽しめばウクライナの魂を感じることもできるだろう。
　2023 年には第 4 回全ウクライナ・テイスティング・コンテスト「Independent Craft」にて Ukrainian Craft Spirits Awards 2023 賞で金賞を受賞しているほか、同年の Wine & Spirits Ukraine Awards 2023 でもゴールド・メダルを授与されている。

ハリチナ地方に受け継がれるリキュール

ナリウカ

A Nalyvky **U** Наливки
K ナリウキ・ジ・リヴォヴァ **A** Nalyvka from Lviv **U** Наливки зі Львова **O** リヴィウ市
₴ 142〜 **W** https://nalyvky.com/# **S** https://nalyvky.com/product-category/nalivki/

　ナリウキ・ジ・リヴォヴァ（「リヴィウ産ナリウカ」の意）のナリウカは、西ウクライナ選りすぐりの農場で季節ごとに収穫されるベリー類、フルーツ、野菜、ハーブなどをベースにハリチナ（ガリツィア）独自のレシピによって製造されており、ウクライナ国内のほかポーランドにも専門店やカフェを有している。アルコール度数はベリー・フルーツ系のものが27%、ハーブ系は38〜50%と高く、香りを楽しんでちびちび飲んでも水割りやロックで飲んでもよい。様々なフレーバーがあるためカクテルの材料として使ってもよいだろう。
　50度の「12ハーブス」にはミント、ヨモギ、リンデン、カモミール、オトギリソウ、イラクサ、オレガノ、ニワトコ、ガランガル、メリッサ、メリロート、コリアンダーと文字どおり12種のハーブで味付けされ、その風味は好みが分かれるが独特の爽快感があるのでリフレッシュしたいときにおすすめである。ほかに面白いフレーバーとしてホースラディッシュやハニー＆ペッパーなども試してみてはどうだろうか。また0.2L瓶やギフト・セットも用意されているため、お土産に最適である。

歴史ある酒造所の秘蔵ウイスキー

ミクリン・ウイスキー

🅐 Mykulynetske Viski　🆄 Микулинецьке Віскі
🅺 ミクリネツィキー・ブロヴァル　🅐 Mykulynetsky Brovar　🆄 Микулинецький Бровар
🌏 テルノーピリ州ミクリンツィ町
💰 800〜　🌐 https://brovar.org/　🔗 https://brovar.org/product/odnosolodovyj-viski-40-3/

　ミクリネツィキー・ブロヴァルのシングルモルト・ウイスキーは、10年熟成の高貴で洗練されたウイスキーだ。厳選された大麦の品種を自社畑で栽培・収穫してウイスキーに適したものをさらに選別し、2日の浸漬後に苗床に移されて7日間発芽させることで、大麦に含まれるデンプンの糖化プロセスを経る。発芽大麦は45〜50℃の予備乾燥と85℃での3〜4時間の焙煎を経た後、モルトクラッシャーで粉砕され籾殻を分離する。砕かれた麦芽は水と混ぜられ、断続的に撹拌されながら徐々に75℃まで温められることで麦汁となり、これが濾過され、煮沸される。煮沸された麦汁には酵母が加えられ、酸素が不足するとこれが麦汁を消化してアルコールを生成、発酵プロセスに至る。発酵した麦汁は銅製の蒸留器で2段階蒸留され、その中間留分のみをワイン貯蔵に用いられていたホワイト・オークの樽に詰めて、醸造所の地下で熟成させる。厚い壁によって保たれる湿度が樽の呼吸を促し、バニラとチョコレートの芳香、そして深い琥珀と黄金の色味をウイスキーに与えるのだ。

ドリンク

ウクライナ最高と名高いコニャック

コニャック「チャイカ」

🇦 Koniak "Chaika"　🇺 Коньяк "Чайка"
🇰 シュストフ　🇦 SHUSTOFF　📍 オデーサ市
💰 200 ～　🌐 https://shustoff.com/ua/products/
🛒 https://rozetka.com.ua/ua/shustov_4820000945721/p13755114/

　オデーサはウクライナで初めてコニャックに出会った都市のひとつであるとされている。19世紀初頭、フランスの最高級コニャックが輸入され始めたオデーサ地域ではこの「フランス・ウォッカ」が大人気となり、職人による地元でのコニャック製造も盛んとなった。このような中で1863年、商標「シュストフ」が設立。旧ソ連圏では「コニャック（коньяк）」がブランデー全般を指すことが多い中、シュストフの製品は1900年のパリ万博で賞を受賞し、「ブランデー」ではなく「コニャック」の名称を正式に用いる栄誉を得た。帝国時代とソ連時代を生き抜き21世紀に入って西側のより近代的な設備も導入されたことで改めて、ウクライナを代表する企業となっている。

　1952年に造られたヴィンテージ・コニャックであり海の魂を象徴するカモメの名を冠した「チャイカ」は、繊細でフローラルかつクリーミーなブーケの香りが素晴らしく、スミレやアーモンド、ジンジャーの風味が感じられる。「ウクライナ最高のコニャック」として度々名前が挙がる品質ながら価格は非常にお手頃で、食前・食後酒として、またカクテルのベースとしてもオススメである。

香り豊かなウジュホロドのブランデー

ブランデー「カルパーティ」

🅰 Koniak "Karpaty"　🇺 Коньяк "Карпати"
🇰 ティサ（ウジュホロド・ブランデー工場）　🅰 Tysa (Uzhgorod Brandy Factory)
🇺 Тиса (Ужгородський коньячний завод)　🌐 ザカルパッチャ州ウジュホロド市
💰 740 〜　🌐 https://tysa.store/about-us　🔗 https://tysa.store/carpathians

　ウジュホロド・ブランデーもまた、その品質、独特の芳香そして絶妙な味わいから国内外の愛好家に高い評価を得ている。ザカルパッチャでのブランデー製造は、1959 年、ヴェリキ・ラジ村から始まった。ソ連時代は「ウジュホロド・ブランデー工場」の名の下、市内で唯一、1 分たりとも生産を停止することなく従業員を雇用し、年々生産量を増やしたことからある種の伝説ともなっている。

　ところで、ロシア系のブランデーの等級区分では熟成年数 6 年以上のものが KB（熟成ブランデー）、8 年以上のものが KBBЯ（高品質熟成ブランデー。ロシア語では KBBK）、10 年以上のものが KC（オールド・ブランデー）、12 年以上のものが OC（ベリー・オールド・ブランデー）となる。「カルパーティ」は KBBЯ のブランデーで、1970 年に製造が始まった。可愛らしいデザインの瓶に入っており、価格は少々張るものの高価というほどでもなく、人気が高い。色味は黄金がかった明るいお茶の色で、柔らかく繊細かつよく発達した香りの中には、軽く心地よいチョコレートとシトロンのニュアンスが混ぜ込まれている。味わいは調和が取れ、ふくよかで柔らかい。

世界で知られるウクライナ・ウォッカの代表

ホルティツャ

🅐 Khortytsia　🅤 Хортиця
📍 ザポリッジャ州ホルティツャ村
💰 100〜　🌐 https://khortytsa.com/products
🛒 https://rozetka.com.ua/ua/vodka/c4649154/producer=hortitsya/

　ウクライナ語で「ウォッカ」は「焼ける」を意味する動詞 "горіти" に由来して「ホリールカ（горілка）」という。そんなホリールカの中で最も著名なブランドの一つが、瓶の形状が特徴的なホルティツャであろう。2003年創業のホルティツャは、年間売上本数1億7640万本と販売数において世界のウォッカ TOP-3 に名を連ね、87か国以上に輸出されるまさにウクライナを代表するブランドと言ってよい。以前はロシアにおいてすら「良いウォッカ」として名が挙がるほどであった。

　「ホルティツャ」のブランド名はドニプロ川最大の川中島（中州）であるホルティツャ島に由来し、語源的にはテュルク系言語で「中央」を意味する「オルト」や「オルタ」に起源があるとされる。同島はウクライナ史、特にザポロージェ・コサックの歴史において重要な位置づけにあり、ロシアとの戦争で活躍するウクライナ軍作戦・戦略編組部隊「ホルティツャ」もこの島の名を冠している。

　原料からこだわった小麦をベースにライ麦と大麦を加えて醸造・蒸留することで得られるアルコール「小麦の涙」が、7回の濾過工程を経て混じり気のない味のホリールカに仕上

側面に溝の入った瓶が特徴的だ

名前の元となったホルティツャ島。川中島としてはかなり大きい

低温で瓶の色が青く変化する「アイス」

ロシアの店頭でも多く売られていた

げられる。冷凍庫でキンキンに冷やして若干のとろみが付いたものを、黒パンやきゅうりのピクルス、ソーセージやサーロと共にお楽しみいただきたい。その品質に比しての価格の安さも魅力で、フラッグシップの「ホルティツャ　プラチナム」は 0.5L 瓶での現地価格が 100 フリヴニャ（約 400 円）である。

　オーツ麦のエキスを加えて味をまろやかに調えた「プラチナム」は、サンフランシスコ・ワールド・スピリッツ・コンペティションなど複数の国際的品評会でゴールドメダルを受賞。このほかのラインナップとして、スタンダードな「クラシック」、ミントとメントールを加えた爽快感のある「シルバー・クール」、ミントやメントールのほかにリンデンも加え +5℃以下になると瓶の色が青く変わる「アイス」、カシス、ローズヒップ、高麗人参、ハチミツを加えて代謝や血行、免疫へのプラス効果を期待した「アブソリュート・エナジー」「ワインのダイヤ」と呼ばれる酒石酸を加え追加の濾過工程を経てさらにまろやかに仕上げた「プレミアム」、シルクのような口当たりにシナモンとチェリーがほのかに香る上位版「デラックス」がある。

ドリンク

天然水仕込みの「パンの贈り物」

フリブヌィ・ダル

🅐 Hlibny Dar 🇺 Хлібний Дар
🅚 バヤデラ・グループ 🅐 BAYADERA GROUP 🅞 キーウ市
💰 69〜 🌐 https://bayaderagroup.com/en 🔗 https://bayadera.ua/brands/hlebnyy-dar

　「パンの贈り物」という意味のフリブヌィ・ダルは非の打ち所のないウクライナ産ホリールカとされ、多くの名誉ある賞を受賞し、著名な大手ブランドであるスミノフやアブソルートと並んで世界のトップ5に選ばれる代表的なブランドである。フリブヌィ・ダルは天然原料のみを使用し、高品質のスピリッツから自噴泉から汲み上げた天然水を使って製造される。そのダイヤモンドのような透明度は、新世代の技術によるもので、特許取得済みの独自製法は、安定感のある、熟成されたマイルドな風味に貢献している。
　ラインナップには、スタンダードで柔らかく軽い口当たりが特徴の「クラシック（Класична）」、柔らかくも力強く小麦の味が出る「ホイート（Пшенична）」、スハリ（乾パン）を浸けたエキスを加えて独特のクリアな味わいに仕上げた「ヨーロピアン（Українська по-європейськи）」、黒パン（ライ麦パン）とタイムで味をつけた「ライ・デラックス（Житня люкс）」、ほろ苦くも甘く後味の続く「パリャヌィーツァ（Українська паляничнa）」などがある。

現代に生きるコサックの魂

コザツィカ・ラーダ

🅐 Kozatska Rada 🅤 Козацька Рада
🅚 バヤデラ・グループ 🅐 BAYADERA GROUP 🅞 キーウ市
💰 99〜 🌐 https://kozatska-rada.ua/ 📧 https://bayadera.ua/brands/kozackaya-rada

　「コザツィカ・ラーダ」とは、16－18世紀にかけてザポロージエ国家及びウクライナ国家の軍政を担った最高立法府であるコサックの総会を意味する。この名称を冠するホリールカはコサック精神の偉大さを体現するものであり、勇気と決断力、強い意志を持った真のコサックに向けた過去からのメッセージだ。これまで紹介してきたホルティツャやフリブヌィ・ダルは少々「おっさん臭い」イメージもあるが、対してコザツィカ・ラーダは若者にも好まれるホリールカとなっている。

　スタンダードで後味の甘い「クラシック（Класична）」、リンデンを加えて赤トウガラシを漬け込んだ体の温まる「ペッパー（Перцева）」、フェンネル、スイートクローバー、リンデンを加えた「スペシャル（Особлива）」、バイソングラスを加えた「ズブロフカ（Зубровка）」など従来から愛される製品のほか、ウクライナ防衛者を描き国旗の2色が目立つスッキリとしたデザインのボトルで現代ウクライナの英雄に敬意を表した「バイラクタル（Байрактар）」「ジャベリン（Джавелін）」「不屈（Незламна）」がある。

井戸水で造られた飲みやすいビール

ロハン

🅐 Rogan　🆄 Рогань
🅐 AB InBev Efes　🅞 キーウ市
₴ 20〜　🌐 https://abinbevefes.com.ua/rogan/
🛒 https://maudau.com.ua/ru/category/pyvo/product_brand=rogan

　ウクライナのビールとして代表的かつどこでも手に入るものの一つがこのロハンだ。ロハンの醸造所建設は1972年に開始されたが、途中で凍結され、オープンに至ったのはソ連崩壊期の1989年になってからである。当初は工場ではソフトドリンクとミネラルウォーターのみが製造されていたが、1992年からビールの醸造を開始し、1998年に敷地内に深さ700メートルの井戸が掘られて自噴水が汲み上げられるようになってビールに使われたほか、そのまま「ロハン・ウォーター」として瓶詰めされ販売した。2000年にロハン社はベルギーのアンハイザー・ブッシュ・インベブの傘下に入り、現在に至っている。

　最も広く知られた「トラディショナル・ライト（Традиційне світле）」は軽いホップの香りと爽やかな味わい、後味に特徴的なホップの苦みを持つライトビール。1本あたりの現地価格は概ね100円未満でどこのスーパーでも大体入手できるため、お手軽に楽しむことが可能だ。このほか、「モナスティルシケ」「ヴェセリー・モナフ・ストロング」「ツー・ホップ」「ゴールデン・モルト」、ノンアルコールといったバリエーションがある。

ウクライナ最大のビールブランド

オボロン

A Obolon　**U** Оболонь
K オボロン・コーポレーション　**A** Corporation "Obolon"　**U** Корпорація "Оболонь"　**O** キーウ市
₴ 30 〜　**🌐** https://obolon.ua/ua/production/beer/detail/12
🛒 https://maudau.com.ua/ru/category/pyvo/product_brand=obolon

　オボロン・コーポレーションは外資も含めた食料品分野の企業ランキングで常に上位を占める大企業。ビールのほかに低アルコール飲料、ソフトドリンク、飲料水の4つの飲料市場で事業を展開しており、国内中央部及び西部に9つの生産拠点を有するほか、ビール販売チェーン「О マーケット」を展開している。前身となるキーウ第3ビール工場がモスクワ五輪に合わせて1980年にオープンした後、1986年にこれを基盤としてビール・非アルコール飲料協会「オボロン」が発足、ソ連崩壊後に民営化されたオボロンは、ウクライナのみならず東欧圏の低アルコール飲料市場を開拓し、ウクライナで初めて EBRD からの融資も獲得することとなる。2004年には欧州大陸トップ3のビール・メーカーとして名を連ね、以降も製品ラインナップを増やしながら発展を続けている。
　社名を冠する「オボロン」ビールのうち最も代表的なヨーロピアン・ラガーの「ライト」をはじめ、「ソボルネ」「ジグリウシケ」、また「プレミアム」シリーズ、「キーウシケ」シリーズ、フルーツ味のついた「ビア・ミックス」シリーズやノンアルコールの「О」シリーズなど多数がある。

チェルニヒウ伝統のモルトの旨味

チェルニヒウシケ

🅐 Pyvo Chernihivske　🅤 Пиво Чернігівське
🅐 AB InBev Efes　📍キーウ市
📞 30 〜　🌐 https://abinbevefes.com.ua/chernigivske/
🛒 https://maudau.com.ua/ru/category/pyvo/product_brand=chernigivs-ke

　ウクライナの大衆ビールとして代表的な「ロハン」と同じく AB InBev 傘下のブランドで人気なのが、チェルニヒウシケだ。元々は 1988 年、チェルニヒウの醸造所「デスナ」で何か月もの期間を経て開発された複雑でユニークな欧州スタンダードのレシピに沿って製造が開始されたもので、設立 1300 年を迎えたチェルニヒウ市にちなんで名付けられている。フラッグシップの「ライト」はチェルニヒウ、ハルキウ、ミコライウと AB InBev 所有のビール醸造所 3 か所すべてで製造されており、その需要の高さが窺える。

　「チェルニヒウシケ　ライト」は高品質の原材料と高度な醸造技術によりモルトの風味が際立ち、キリッとした苦みと軽くフルーティな香りを持つラガーとなっている。

　ラインナップには、ノンフィルターの「ホワイト」シリーズや、高アルコール度数の「ストロング」と「マキシマム」、ホップを効かせてフレッシュさを増した若者向けの「チェズ」、心地よく軽い口当たりの「ゴールド・プレミアム」、自然短時間殺菌による生発酵ビールで賞味期限の短い「パブ・ラガー」、天然由来の香料を使用して様々なフルーツの風味を浸けた「エキゾチック」などがある。

ギネスを凌ぐその歴史

リヴィウシケ

🅐 Pyvo Lvivske 🅤 Пиво Львівське
🅚 リヴィウ・ビール工場（リヴィヴァルニャ） 🅐 Lvivska pivovarnia (Lvivvarnya)
🅤 Львівська пивоварня (Львіварня) 🅞 リヴィウ市
₴ 25 〜 🌐 https://lvivarnya.com.ua/lvivske
🛒 https://maudau.com.ua/category/pyvo/product_brand=l-vivs-ke

　リヴィウ市民に地元のビールを教えてくれと頼めば、かのギネス・ビールよりも歴史の古い醸造所を紹介してくれるだろう。「リヴィウシケ」は、イエズス会の修道士らが1715年にリヴィウ郊外で醸造所建設許可を得て製造が始まったビールを受け継いだ、歴史あるブランドだ。オーストリア・ハンガリー帝国最大のビール醸造所の一つに数えられたこの企業は、ソ連時代、麦などの「穂」を意味する「コロス（Колос)」の社名の下、ウクライナ西部5か所の醸造所を束ねる大手ビールメーカーとなった。1999年にはのちにデンマークのCarlsbergの傘下に入るBaltic Beverages Holdingとの協力関係を築き、以来グローバル・スタンダードを満たす品質を保っている。2005年にはビール醸造博物館も設立されており、ビールの歴史を学ぶとともに試飲も楽しむことができる。
　同社を代表するライト・ラガー「リヴィウシケ1715」は麦芽のピュアな香りとユニークな風味がたまらない、歴史を感じさせる味が特徴だ。このほかノンフィルターの「ホワイトライオン」や黒ビールの「ダンケル」など多くの種類がある。

500 年以上受け継がれる貴族御用達

ミクリン・ビール

🅐 Pyvo Mykulyn　🅤 Пиво Микулин
🅚 ミクリネツィキー・ブロヴァル　🅐 Mykulynetsky Brovar　🅤 Микулинецький Бровар
📍 テルノーピリ州ミクリンツィ町
📞 29 ～　🌐 https://brovar.org/　📧 https://brovar.org/produktsiya/

　セレト川のほとりの町ミクリンツィにある酒造会社ミクリネツィキー・ブロヴァルの設立年代は不明だが、史料におけるこの醸造所の記述はなんと 1457 年に遡るといい、ポーランドとドイツの王侯が遠征中に立ち寄ってミクリン・ビールを飲んだとされる。また、オーストリアの文献にも 1698 年にミクリン・ビールに関する記述があるという。その後ミクリンの醸造所はポーランドの富豪や貴族らの私産となり、そのビールは地元貴族の晩餐会には欠かせない飲み物となっていった。1920 年代中ごろまではレイ伯爵の所有であったが、伯爵死後の 1928 年には株式会社が買収、企業としての発展を続け、1994 年には株式会社「ブロヴァル」が設立された。2000 年代に入ってからは最新設備の導入やラボの整備も進み、品質と生産の安定が確保されている。

　フラッグシップの「ミクリン」はすっきりとした味わいで最も人気が高い。このほか、オレンジやコリアンダーなどを加えた「ブランシュ」、米を加えてクラシックな味に調えミクリンツィ創立 900 周年にちなんだ「ミクリン 900」、長い熟成期間によってワインのような強くもまろやかな味わいの「テルノヴェ・ポレ」などがある。

清らかな水で仕込まれた保存料不使用ビール

ベルディチウシケ

🅐 Pyvo Berdychivske　🆄 Пиво Бердичівське
🅚 ベルディチウ・ビール工場　🅐 Berdychiv Brewery　🆄 Бердичівський пивоварний завод
🅞 ジトーミル州ベルディチウ市
💰 37～　🌐 https://berdpivo.com.ua/　🛒 https://mini-bar.com.ua/berdychivske/1116/

　当時ヴォリーニ県の一部であったベルディチウでの醸造業の歴史は1798年に遡る。1861年、チェコの入植者スタニスラフ・チェプは、井戸の調査と水の科学的分析により最高品質のビール製造に理想的な指標が示されたこの土地を購入し、ベルディチウ・ビール工場を創業したとされる。以降、現代に至るまで、醸造所では古くからの伝統的な技術に基づき、天然の原料と自家製の麦芽、自噴泉水だけでビールの製造を続けている。4段階の濾過工程を経ることで、低温殺菌を行うことなく、また保存料も添加されていないのが特徴である。2020年夏、同社はウクライナのビール、ソフトドリンク、ミネラルウォーター生産者の中でも最も権威ある「アンバー・スター」賞を受賞、全ウクライナ品質コンテスト「ウクライナ製品ベスト100」にも名を連ねている。

　ホップの淡い苦みとシトラスのニュアンスを持つ「ホイートGOLD（Пшеничне GOLD）」、ハーブやフローラル、ハチミツの香りがよい「レオン（Леон）」、モルトの味とホップのほろ苦さが心地よく調和した「ユヴィレイネ（Ювілейне）」など14種のラインナップがある。

ドリンク

慣れるとやみつきの伝統飲料

クワス・タラス

🄰 Kvas Taras　🅄 Квас Тарас
🅚 リヴィウ・ビール工場（リヴィヴァルニャ）　🄰 Lvivska pivovarnia (Livvvarnya)
🅄 Львівська пивоварня (Львварня)　🄾 リヴィウ市
💰 25〜　🌐 https://carlsbergukraine.com/brands/kvas-taras/kvas-taras/
🛒 https://rozetka.com.ua/ua/voda-soki-napitki/c4625018/producer=kvas-taras/

　クワスとは、スラヴ世界で古来から伝統的に親しまれてきた、ライ麦と麦芽を発酵させて作られるソフトドリンク。その材料や製法はビールと似ており、清潔な生水の確保が困難なヨーロッパ世界で西欧圏ではビールやシードルを飲料としていたのに対し、ルーシを中心とするスラヴ圏ではクワスが飲まれていた。記録に残っている限り 10 世紀には農民、僧侶、貴族などの身分を問わず広く飲まれており、16 − 17 世紀にはブルラークと呼ばれる船引きたちがクワスをベースにした夏のスープ、オクローシカを誕生させた。なお、発酵を経るため現代のクワスは 1％以下のアルコールを含んでいる。おそらく初めて飲む日本人はうわっ（人によっては「オエッ」）となる独特の味だが、二口三口と飲むうちに慣れてやみつきになるだろう。

　クワスは夏に町中の露店で飲んでこそ最高に美味いのだが、ボトル詰めされた製品も楽しめる。中でも No.1 のブランドが、Carlsberg の下リヴィウ・ビール工場で 2008 年から製造されているクワス・タラスだ。ライ麦と大麦の麦芽、大麦、天然水と酵母のみから製造されており、新鮮なライ麦パンの香りを伴う爽やかな甘酸っぱさが大変美味しい。

一世代を育てた国民的ドリンク

ジフチク

A Zhyvchyk **U** Живчик
K オボロン・コーポレーション **A** Corporation "Obolon" **U** Корпорація "Оболонь"
О キーウ市 **E** 21～ 🌐 https://zhivchik.ua/
https://obolon.ua/ua/production/soft-drinks 🛒 https://eko.zakaz.ua/uk/categories/carbonated-soft-drinks-ekomarket/tm=zhivchik/

　美味しくて色鮮やか、それでいて天然果汁とハーブのエキナセアを含んだヘルシーな清涼飲料水ジフチクは、ひとつの時代を築いたと言って過言ではないウクライナの国産ドリンク・ブランドだ。1999年に生まれて広く人気を得たジフチクは、文字どおりまる一世代のウクライナ人を育て上げたと言えるほど国民に親しまれている。大手ビール会社のオボロンは、ウクライナ産のリンゴの需要を喚起し、合成素材の含まれた輸入飲料とは異なるナチュラルな製品をウクライナ人に提供するべく新たなドリンクを開発し、口語で「元気で活発な少年」を意味する「ジフチク」と名付けた。発売初年からターゲット層の子どもたちやその親からまたたく間に人気を得たジフチクは世界数十か国に輸出され、2007年にはラベルに描かれたフルーツのキャラクターたちを登場人物とするアニメ「ジフチクとなかまたち」まで放送されている。

　なお、ロシアのクリミア侵略ではセヴァストポリ飲料工場が接収されており、同工場はオボロン社との関係性を失ったはずだが、ロシア国内では未だにジフチクまたは「ジヴンチク」と名を変えて同じようなラベルを使った「パクリ」ドリンクが出回っている。

色彩変化美しいフラワーティー

ブルー・ティー

A Synii chai **U** Синій чай
A TO TA TORBA **O** イワノ・フランキウシク州ヴィホダ町
₴ 75 **W** https://to-ta-torba.com/
L https://to-ta-torba.com/synij-chaj-ukrayinskyj-anchan-sucvittya-20-g

　TO TA TORBA はカルパチア地方のユニークでクリエイティブな製品を流通させるべく立ち上げられた起業家チームだ。自ら地域内の興味深い製品を収集し、全国に販売している。取り扱う商品の9割は地元で収穫された天然素材から造られており、着色料・保存料不使用でエコかつ健康的であることが売りだ。

　そんな同社が取り扱う商品の中でも面白いのが、ブルー・ティーだ。ゼニアオイ（Мальва）の色素によってお湯を注ぐとまず文字どおり真っ青な色を見せ、次に緑色へと変色する。レモン果汁を加えれば、今度は美しいピンク色に変わる。サフランを入れれば、鮮やかな緑色に変色する。この色彩変化豊かなフラワー100%のハーブティーは見た目に面白いだけでなく、ハチミツの混じったフローラルな香りも素晴らしい。味わいは独特だが、軽さと上質な喉越しがある。風味を鮮やかにしたいならば、レモングラスやウィローハーブ、その他の一般的な市販の紅茶と混ぜてもよい。組み合わせによってどんな色が現れるのか試してみるのも一興だろう。TO TA TORBA はこの他にもカルパチア地方の多種多様なハーブティーを取り扱っている。

ウクライナ人注目の健康茶

そば茶

🄐 Hrechanyi chai　🄤 Гречаний чай
🄐 IZUMI
💰 250〜　🌐 https://izumitea.com/ua/　🛒 https://izumitea.com/ua/buy

　お茶製品としてユニークで面白いのが、日本を意識したと思われる社名を持つIZUMIのそば茶だ。独特な強い苦みを持ち苦蕎麦とも呼ばれるダッタンソバを使ったお茶で、ビスケットのような香ばしさとまろやかな味わいは、砂糖もいらないほどである。日本でも健康飲料として売り出されているが、IZUMIのそば茶も謳い文句として豊富な栄養素と微量元素、ウイルス性疾患や感染症に対する免疫系の強化、消化器系の働きの改善、心臓・血管系に対するプラス効果、血中の悪玉コレステロール値の低減、抗凝血成分による心血管疾患の発症リスク低下、感情を落ち着かせストレスに対する抵抗力を高める効果、代謝プロセスの改善と新陳代謝促進による体重減少、デトックス、脳の血液循環回復による認知能力の向上、体内の余分な水分の排出による浮腫みの解消など、これでもかという効能が並べられている。いずれにせよ健康意識の高いウクライナ人が東アジアの伝統飲料の効能に注目しているという点でユニークな製品だ。
　なおダッタンソバの「ダッタン（韃靼）」は「タタール」を意味し、ウクライナ語ではフレチカ・タタルシカ（Гречка татарська）と呼ばれる。

カルパチアの自然を感じる手軽なブランド

カルパチア・ティー

🅐 Karpatskyi chai 🅤 Карпатський чай
🅚 エコプロダクト 🅐 Ekoprodukt 🅔 Екопродукт 🅞 イワノ・フランキウシク市
☎ 22～ 🌐 https://ecoproduct.if.ua/uk/
🔍 https://spacecoffee.com.ua/ua/site_search?search_term=карпатський чай

　「カルパチア・ティー」ブランドを展開するのは、1999年設立のエコプロダクト社だ。同社は創業当初からカルパチア地方の伝統的なレシピを元にハーブやフルーツ、ベリーをふんだんに使用したお茶を作り続けている。原材料を高性能の近代的設備で加工することで植物の活性成分を損なうことなく抽出し、豊かなアロマと風味はもちろん、リラックス効果を生み出している。お茶のほかには保存料不使用の低温殺菌ジャムやミネラルウォーター、缶詰製品を製造している。
　「カルパチア・ティー」ブランドのお茶のパッケージはお世辞にもラグジュアリーやスタイリッシュとは言えない素朴なものだが、非常に多彩なフレーバーを安価で楽しむことが出来るのは大きな魅力だろう。ラズベリーやストロベリー、ローズヒップ、ミント、ラベンダー、カモミール、ジンジャーといった定番はもちろん、エキナセア、ハイビスカス、リンデンやサジー（シーベリー）など日本では比較的マイナーなもの、フルーツとハーブの子供向け「ナソロダ」、複数のフルーツやベリー、ハーブを煮込んで作る伝統飲料「ウズヴァル」にちなんだものなど様々だ。

コラム 11　ウクライナ軍とミリメシ

　2022 年のロシアによる全面侵攻によって第 2 次世界大戦以来の規模での戦闘に直面しているウクライナ軍。大規模な現代戦の経験や教訓を蓄積していることから世界の軍関係者や専門家、アマチュア軍事マニアからも注目度は高い。また国内では侵略者に対し文字どおり命をかけて国土と国民を守るウクライナ軍は正真正銘のヒーローだ。以前から汚職の蔓延が指摘され EU 加盟に向けて汚職対策に力を入れるウクライナにおいても軍関係では未だに度々汚職事案が摘発されてスキャンダルとなっているが、それでも国民からの信頼は絶大である。キーウ国際社会学研究所の調査によれば、ゼレンスキー大統領への信頼には戦争の長期化や政治状況に応じて変化が見られるのに対し、ウクライナ軍に対する信頼は 2021 年時点で 72% と高く、2022 年以降は一定して 90% 以上を維持しており、ウクライナにおいて国民から最も信頼を受ける公的機関となっている。

　ウクライナ軍にはトップの軍政機関として参謀本部（Генеральний штаб, Генштаб）があり、その下に陸軍（Сухопутні війська, СВ）、空軍（Повітряні сили, ПС）、海軍（Військово-морські сили, ВМС）の 3 軍種のほか、独立軍種として、文字どおり空挺降下による敵への強襲に特化した空挺強襲軍（Десантно-штурмові війська, ДШВ）、情報・心理戦など専門的な訓練を受け危険で政治的にも重要な特殊任務に従事する特殊作戦軍（Сили спеціальних операцій, ССО）、2014 年の侵略を受け正規軍をサポートするべく予備役や一般市民を中心に組織され 2022 年に正式に軍に組み込まれた領土防衛軍（Сили територіальної оборони, Сили ТрО）、2024 年に新設されたドローン専門部隊である無人システム軍（Сили безпілотних систем, СБС）などを擁する。もともとソ連式であった階級体系は 2019-20 年の軍改革によって NATO 式に近づけられており、将官や下士官の階級が整理されて呼称も欧米式に改めている。

　前線はもちろん後方でも昼夜の別なく戦い働くウクライナ軍人を肉体的に支えているのはもちろん食事だ。軍人の食事は朝昼夕の 3 回、または当直や船舶勤務者、飛行要員等に対しては朝食か夕食を 2 回の計 4 回提供される。1 日の最低栄養価は 3500kcal で、ウクライナ国防省が公開している「基本メニュー」よると、朝食は肉または魚料理＋付け合せ（米や蕎麦の実、パスタ、ジャガイモ等々。「主食」の概念が日本とは異なるのに注意）、飲み物、パン＋バター、冷菜からなる。夕食の構成は朝食と同様だが、昼食にはスープが付く。また、この他に発酵乳製品（ヨーグルト等）、乳製品、フルーツ・ベリー、ナッツ、スイーツ、フルーツ・サラダ、ジュース、炭酸飲料、焼き菓子等々が追加メニューとされる。献立の決定は部隊指揮官の役目だ。特に戦場では食材の在庫及び保存状況、厨房の充実度、調理可能な条件等々を緻密に考慮しつつ、部隊員の希望にも気を配らなければならない。ある程度美味い飯が十分な量食えるか

どうかというのも士気に大きく関わるからだ。

戦場での行動中に各兵に提供される戦闘糧食（レーション）には2種類ある。PNSPレーション（乾燥糧食1日セット、ПНСП）は調理ができる状況にないときの食事で、海軍の緊急備蓄品にも含まれており、非常食の側面が大きい。最長3日間の食事が含まれており、エネルギー価は1日あた

り1250kcal。典型的には1日分としてビスケット100g、肉の缶詰（豚、牛、鶏、七面鳥）100g、レバー・パテの缶詰60g、肉料理のメインディッシュ缶詰（肉のほか豆やジャガイモ、野菜、米などを使った料理）280g、ハチミツ13.33g、砂糖30g、コーヒー又は茶2g、紙ナプキン1枚、アルコールティッシュ1枚が詰められている。

DPNPレーション（野戦糧食1日セット、ДПНП）も同様に調理環境がない場合の糧食だが、レトルト包装されており、特に戦場や、戦場へ移動する軍人、演習参加者向けに支給されるものだ。DPNPレーションにはDPNP-1からDPNP-7までの種類があり、朝昼夕各食のメインディッシュが異なっている。1日あたりのエネルギー価は3500kcal以上。またそれぞれの量を増強したDPNP-Pという強化版もあり、こちらには毎食ガムと加熱剤（レーションヒーター）がつくほか、朝食にドライフルーツとチョコレートが追加、夕食に肉缶（トゥションカ）とコーヒーが追加されておりかなりの量と栄養価だ。

なお、ウクライナ軍のレーションは戦時下で需要が高いため、本書執筆時点で払い下げ品などが日本で手に入る可能性はかなり低いと思われる。一部で日本語の怪しい説明書きと共に出品されている例も見受けられるが、入手ルートがかなりいかがわしく違法なものと思われるので、手を出さないようにしよう。

全DPNP共通	朝	ビスケット50g、インスタントコーヒー2杯分、砂糖10g、塩1g
	昼	ビスケット50g、ライ麦乾パン50g、紅茶2杯分、砂糖10g、コショウ0.3g、塩1g
	夕	ビスケット50g、小麦乾パン50g、紅茶2杯分、砂糖10g、ハチミツ20g、塩1g
DPNP-1	朝	鶏肉ライス350g、
	昼	牛肉のボルシチ500g、野菜と豚肉の蒸しジャガイモ350g、チェリージャム20g
	夕	豚肉の大麦粥350g
DPNP-2	朝	牛肉の蕎麦の実350g
	昼	豚肉のエンドウスープ500g、野菜と鶏肉のインゲン豆350g、リンゴジャム20g
	夕	豚肉の丸麦粥350g
DPNP-3	朝	野菜と豚肉のエンドウ豆350g
	昼	鶏肉のライス・スープ500g、牛肉の小麦粥350g、カシスジャム20g
	夕	野菜と豚肉の蒸しジャガイモ350g
DPNP-P-1	朝	鶏肉ライス350g、レーズン30g、ダークチョコレート35g、ガム1パック
	昼	牛肉のボルシチ500g、野菜と豚肉の蒸しジャガイモ350g、チェリージャム20g、ガム1パック
	夕	豚肉の大麦粥350g、牛肉の缶詰（トゥションカ）200g、インスタントコーヒー2杯分、ガム1パック

第 8 章

日本では買えないもの

最後に、独断と偏見で様々な理由から日本で買うことがまず不可能なモノを取り上げよう。当然のことながら日本とウクライナとでは法令や制度が異なるので、できることも異なってくる。もしいつかあなたがウクライナに長期滞在したり移住したりするようなことがあれば、全く違った環境のなかで全く違う楽しさが見つかることだろう。

多くの人を救った「夢」の飛行機

An-225「ムリーヤ」

🅐 An-225 "Mriia"　🆄 Ан-225 «Мрія»
🅐 Antonov　📍 ホストメリ
💰 8～30億 $　🌐 https://www.antonov.com/en

　1988年、3年の開発・建造期間を経て、キーウのアントーノフ社工場に「夢」が生まれた。航空宇宙産業に使われる重量とサイズの大きな貨物の運搬を担うべく設計された航空機 An-225「ムリーヤ」だ。ソ連の崩壊によって当初の存在意義を失い1990年代末まで格納庫に眠っていた全長84m、翼幅88.4m、最大搭載量250トン、離陸重量600トンを誇る史上最大・史上最重・史上最長の航空機は、「一定重量を搭載しての速度」など240ほどの世界記録を達成している。2号機も建造が進んでいたが未完成で、ウクライナ独立後に再建も計画されたが頓挫しているため、機体はこの世に一機しかないまさに夢の飛行機だった。

　2000年代初頭に改修されたムリーヤはそのペイロードの大きさを活かして機関車や大型発電機、そして人道支援物資の運搬に活用されており、2011年の東日本大震災の際にはフランス政府の発注を受けて成田空港まで総重量140トン以上の物資を届けてくれている。また日本政府も2010年のハイチ大地震で108トンの支援物資を輸送するためチャーターしたことがあり、文字どおり世界中で活躍してきたといえる。

　ロマンの塊のようなムリーヤだが、2022年のロシアによるウクライナ全面侵攻の最初

超巨大な「夢」の飛行機（右上がムリーヤ）

全面侵攻当初に破壊されてしまった

東日本大震災時に日本への人道物資を積み込むムリーヤ

破壊されたムリーヤは再建が試みられることになる

期にキーウ近郊のホストメリ空港で攻撃を受け、破壊されてしまった。侵攻が始まる前日にムリーヤはライプツィヒに退避させられるはずで、機長以下乗員も搭乗し燃料も満タンだったが、なぜか「上からの指示」により飛行許可が出なかったという。政府は未完成の2号機も活用してムリーヤの再建を行うことを発表し、アントーノフ社は2024年9月に破壊された機体の部品検査を完了したが、「国家にとってより優先的な課題にリソースを集中する」べく再建は中断している。なお、部品検査作業にあたっては、ゲーム Microsoft Flight Simulator のダウンロードコンテンツにムリーヤを登場させるためのロイヤリティとして Microsoft 社から300万ドルが提供されている。新ムリーヤ建造の具体的な費用はまだ明らかになっておらず、8億ドルという見解もあれば30億ドルかかるという概算もある。とてつもない金額であるが、それでも再建が目指されているのは実用性のみならずまさにウクライナの「夢」の象徴となっているからではないだろうか。

アントーノフの技師が作る個人用軽量機

A-22L

🅰 Nadlehkyi litak 🇰 小型飛行機 🇺 Надлегкий літак
🅰 Aeroprakt 📍 キーウ市
💰（レンタル）$200／h 🌐 https://aeroprakt.kiev.ua/
🔗 https://www.plane-ukraine.com/airplane/aeroprakt-22l/

　1991年12月設立のAeropraktは高度な専門性を有する社員50名からなる軽飛行機製造会社だ。創立したのは先に紹介した「ムリーヤ」を生んだアントーノフ社の出身者たちで、彼らの最初の航空機A-20は1993年に露サンクトペテルブルクで開催されたコンペティションで優勝、量産化されて米国やEU、UAE、シンガポールで販売された。ロシアのウクライナ全面侵攻が始まると同社の生産効率は大きく減少したが、2023年には生産施設を増設、ポーランドにも駐在員事務所を持つほかヨーロッパ、北中南米、アフリカ、中東、オーストラリア、ニュージーランド、韓国と文字どおり全世界にディーラーネットワークを有している。

　1996年に生産が開始されたA-22系列は同社の主力機でこれまでに少なくとも1000機以上が製造されている。A-22Lはより強力なエンジンを搭載し最高速度は210km/h。軽量機であるため長距離飛行には向かないが、全方位が見渡せるデザインのコックピットでの空中散歩は格別だ。なんと一般的な自動車のガソリンを給油できるため、夏季であればレンタル料金も安く、免許があれば気軽に楽しめる航空機となっている。

キーウ最高額のセレブ物件

Diamond Hill

🅐 Kvartyra　🅚 アパート・マンション　🅤 Квартира
📍 キーウ市
₴ $1,500,000 ～ $10,000,000　🌐 https://diamond-hill.estate/en/
🛒 https://diamond-hill.estate/en/sale/

　ウクライナ語ではマンションやアパートなどの住宅をクヴァルティーラ（квартира）という。その中でもキーウで最も高額といわれる集合住宅 Diamond Hill を紹介しておこう。ドニプロ川沿いのイヴァン・マゼーパ通りに位置し「永遠の栄光」公園やキーウ・ペチェルシク大修道院が見渡せる最高の立地にあるこのマンションでは、共用スペースは大理石張り、地下駐車場は 300 台収容、プール付きの最新のフィットネスセンター、外部の人間が入れない中庭と子どもの遊び場などなど敷地内でほぼすべてが完結できる。

　このマンションの中で本書執筆時点で最も安い物件は 11 階の 212 平米のものだが、内装一切なし（ウクライナを始めとする旧ソ連圏ではコンクリート打ちっぱなし状態の部屋を買ってすべての内装を自分で手配するのが一般的）で 1,484,000 ドル。最も高い最上階のドーム（こちらも内装一切なし）はなんと 1000 平米で 12 部屋、バスルーム 10 箇所で 1000 万ドルというとんでもない物件だ。内装済みのフロアもあり、価格は 250 万～750 万ドル、いずれも 200 平米以上でバスルーム複数のセレブ向け物件となっている。

ウクライナでの功績を称える

ウクライナ国家栄典

🅐 Derzhavni nahorody Ukraini　🇺🇦 Державні нагороди України
🅚 ウクライナ大統領　🅐 President of Ukraine　🇺🇦 Президент України　🌐 キーウ市バンコヴァ通り
🌐 https://www.president.gov.ua/

　自身の人生、そしてその功績を国家から認められ称えられることは最高の栄誉だ。ウクライナの栄典の最上位に位置づけられるのが称号「ウクライナ英雄」で、傑出した英雄的行為または傑出した労働功績を成したウクライナ国民に授与される。「ウクライナ英雄」は独立ウクライナ初の宇宙飛行士レオニード・カデニューク（1999年）や独立ウクライナ初代大統領レオニード・クラウチューク（2001年）などに与えられてきたが、ロシアの侵略が始まった2014年以降、特に2022年の全面侵攻以降は軍人を中心に叙勲数がかなり増加しており、また死亡叙勲の割合も大きい。なお故人が叙された例としてウクライナ民族主義者組織（OUN）の指導者ステパン・バンデラ（2010年）も挙げられるが、これにはOUNを巡る確執のある隣国ポーランドから大きな反発を受けた。
　2022年以降は日本人への叙勲も目立ち、強力なウクライナ支持と対露制裁の方針を固めた岸田文雄総理には外国人にとって最高位の勲章のひとつであるヤロスラフ賢公勲章第一等が、戦時下の最前線で対ウクライナ外交を担ってきた松田邦紀大使には功労勲章第三等が授与されている。

ウクライナ産高精度ライフル

Zbroyar Z-008 カービン

🇺 Карабін Zbroyar Z-008
🅐 Zbroyar　　📍 キーウ市
💰 107,800 〜　🌐 http://zbroyar.ua/
🛒 https://x-gen.ua/karabin-zbroyar-z-008-gen-iii-precision-24--1615/

　Zbroyar は 2007 年設立の銃器メーカーで、高精度のスポーツ・狩猟用ライフルを専門に小規模生産から始まったものの、ライフル Z-008 の成功を基に軍用モデルも開発している。いまや国防や航空宇宙産業の知見を有する専門家たちからなり、等温熱処理、放電加工、研削、アルゴン溶接、レーザー切断等々必要な設備をすべて備えた同社では、銃身を除きすべての部品が自社生産であり、銃身の最終加工も自社で行っている。

　Z-008 は縦スライド式の高精度ライフルで、その設計においては、ボルトキャリア、トリガー機構、マウントユニットに独自のソリューションを採用しており、精度と信頼性を両立している。価格の安さと重量・サイズの取り回しの良さから CIS 諸国をはじめ EU、オーストラリア、ニュージーランド、UAE にも輸出されており、また 2011 年と 2012 年にはヨーロッパ F クラス世界選手権で Z-008 を使用したウクライナチームが銀メダルを獲得している。Z-008 のほかには米国の AR-15 のライセンス生産品である Z-15 や AR-10 をベースとし UAR-10 としてウクライナ軍に正式採用された狙撃銃 Z-10 がある。

世界記録を打ち立てた「地平線の支配者」

ヴォロダル・オブリーユ

- 🅐 Volodar Obriiu　🅤 Володар Обрію
- 🅐 Horizon's Lord　📍 ヴィンニツャ市
- 💰 ????　🌐 https://sites.google.com/view/horizonslord/володар-обрію

　2023年11月18日、ウクライナ保安庁のエージェントである当時58歳のスナイパー、ヴャチェスラウ・コヴァリシキーは、3,800メートルの距離からライフルの狙撃でロシア軍将校を排除し、2017年のカナダ人スナイパーによるTAC-50ライフルでの3,540メートルの狙撃成功というこれまでの長距離狙撃記録を塗り替えた。この狙撃に用いられたのが「地平線の支配者」と名付けられたこのウクライナ製の大口径狙撃銃である。

　ヴォロダル・オブリーユは必要に応じボルトや銃身などの部品を迅速に交換でき、複数の口径の弾丸に対応可能であるが、最大限の有効性を発揮するべく開発されたのが専用弾薬の12.7x114 HL弾だ。この弾薬はソ連及び旧ソ連諸国で使用される14.5x114mm弾の薬莢に50口径（12.7mm）弾を納めたもので、つまり本来14.5mm弾を飛ばすための装薬量でより小さい12.7mm弾を飛ばすこととなるため弾丸の速度は非常に高速となる。専門家によれば、このライフル自体に技術的な革新は無いものの、弾薬や正確な部品の選択と高い製造基準によりこの高度な性能が発揮されているという。

広く普及している競技・狩猟用空気銃

ZBROIA

A Pnevmatychna hvyntivka　**K** エア・ライフル　**U** Пневматична гвинтівка
O ハルキウ市
¥ 27,000 〜　**W** https://zbroia.ua/　**S** https://one-click.com.ua/uk/sportivnaya-strelba/pnevmatika/pnevmaticheskie-vintovki/zbroia/

　空気銃とは空気やガスを用いて弾を発射する銃で、広義では遊戯用のいわゆるエアガンも含まれるが、通常は競技や狩猟に用いられる高威力なものを指す。日本では殺傷力のあるものは当然銃刀法の規制対象となるが、ウクライナでは規制の対象となるのが①口径4.5mm以上、②弾速100m/sの両方を満たすもののみと緩く、規制対象のものでも入手が比較的容易なため娯楽・スポーツや狩猟用として人気が高い。ZBROIAは1999年にウクライナのハルキウで設立された企業で、口径4.5mm〜7.62mmのポンプ式エア・ライフルや非常に低威力の室内射撃用弾であるフローベル弾を使用したリボルバーを取り扱っている。ウクライナの空気銃メーカーとしてまず名前の挙がる会社で、品揃えも多数の人気ブランドだ。

　なお2014年のロシアによる侵略の開始以来、自衛権に絡んでその民間人による銃器所有の合法化が検討され、2022年の全面侵攻以降は議会での議論も本格化するとともに規制緩和への支持率がかなり大きくなっている。戦争の影響で闇市場に出回る未登録武器の数が数百万丁単位であるとされている中で、戦後の治安維持に向けた動向が注目される。

ウクライナの自然を象徴する生き物たち

保護動物（ヨーロッパバイソン、ロシアデスマン、ヨーロッパヤマネコ）

🅐 Zubr, Khokhulia ruska, Kit lysovyi　🇺 Зубр, Хохуля руська, Кіт лисовий
📍ヴォリーニ州、ヴィンニツャ州、キーウ州、スーミ州、カルパチア山脈／スーミ州セイム川流域／カルパチア山脈
📅 XXXX　🌐 https://redbook-ua.org/

　最後にウクライナのレッドデータブックに記載されている保護動物を見ていこう。多くの生物種が保護対象となってはいるが、ここでは独断と偏見で哺乳類の3種を紹介したい。
　かつてヨーロッパ西部からバイカル湖あたりまで分布していたヨーロッパバイソンはウクライナ語でзубр（ズーブル）と呼ばれる。今では中・東欧圏に個体群が点在するのみで、ウクライナ領内には約200頭のみが生息しているとされる。ルーシ時代には森林部にありふれた動物で古くから狩猟の対象とされており、独立ウクライナでも2000年代初頭までは商業的な狩猟の対象として認可され、すでにバイソン狩猟が禁止された他国からもハンターが集まっていた。現在では商業狩猟は禁止され、保護対象となっている。
　珍獣ロシアデスマンはモグラに近縁であるが水中生活に適応しており、地球上に出現したのはマンモスよりも早い時代だったとされる。かつてはヨーロッパ全土に広く生息していたが、今は東欧の森林地帯のみに限られ、ウクライナではセイム川流域に数百頭の個体群が生息するのみだ。和名では「ロシア」とついているが、ウクライナ語ではхохуля руська（ホフーリャ・ルーシカ）または単にхохуляとされ、形容詞руськаは「ロシアの」ではなく

ヘラジカと共に欧州最大の動物とされるヨーロッパバイソンの純野生個体は絶滅している

長い尻尾のロシアデスマンは水に適応したモグラの仲間だ

ヨーロッパヤマネコはイエネコよりも体が大きく毛も厚い

最新のレッドデータブックには動物 687 種と植物 857 種が記載されている

　ウクライナの古名でもある「ルーシの」を指す。なおポーランド語では「ウクライナデスマン（Desman ukraiński）」と呼ばれる。

　ヨーロッパヤマネコも古くはヨーロッパ全域に生息していたが、現在の生息地は中・南欧や小アジア・コーカサスなどの森林地帯のみとなっており、ウクライナは欧州大陸における生息域の東限にあたる。森林面積の減少のほか、イエネコと近縁であるために交雑が進んでしまっていることもあり、ウクライナでの個体数は 400 － 500 頭と推定される。なお日本語では野生のネコを「ヤマネコ」と呼ぶが、ウクライナ語では kiт лiсовий（キト・リソヴィー）、つまり「森ネコ」である。

　以上のほかに、オオヤマネコ、ヒグマ、オコジョ、オオミミハリネズミ、ハンドウイルカ、ユーラシアカワウソ、コサックギツネ、ユキウサギ、ヨーロッパミヤマクワガタ、オオイツユビトビネズミ、ノウマ、ステップケナガイタチ、イヌワシ、ミドリカナヘビ、ヨーロッパスムースヘビ、ステップクサリヘビなどがウクライナのレッドデータブックに記載されている。

コラム8　ウクライナ製品はどこで買える？

　ここまで145の製品やブランドを紹介してきたが、これらはどうやって手に入れることができるのだろうか？　本書で紹介している製品の多くは公式サイト等を通じて購入することが可能だ。日本でも展開している Dodo Socks や UGEARS、正規代理店を有する ICM Holding や Ambient Acoustics、Kickstarter や Etsy などのクラウドファンディングやオンラインマーケットプレイスで販売している Verum や NIXOID、Kristan Time、また Grammarly、Preply、Jooble、S.T.A.L.K.E.R.、Metro Exodus など世界的に知られ場所を選ばずダウンロードが可能なアプリやサービス、ゲームはサイト自体が日本語対応しているものも多いため、苦労することはないだろう。アパレルやアクセサリーのブランドをはじめとして、大半の企業やブランドの公式サイトには英語版ページがあるので、そちらを通じて様々な製品を探すこともできるはずだ。また、個人ブランドの多くは Instagram や Facebook などの SNS を通じて販売や顧客とのコミュニケーションを行っているから、SNS に慣れた方であればこちらのほうが使いやすいかもしれない。

　日本を含む海外への発送に対応しているか、またそれをホームページ上で明言しているかはまちまちである。「ウクライナ国内であればどこにでも発送します」との記載があることも多いが、その記載があってもなくても、英語版サイトがあったり販売ページの通貨が選べたりするブランドの製品は基本的に日本からも購入できる可能性が高い（ただし、食品については消費期限や日本の検疫の関係上、ハードルが高いかもしれない）。わからなければお問い合わせフォームや連絡先メールアドレス、または SNS 公式アカウントへの DM を通じて問い合わせてみるとよい。ユーラシア大陸の真反対に位置する極東の島国が強力なウクライナ支援を行っていることは日本人が思う以上に知られ、感謝されている。そんな物理的に遠い経済大国の消費者から「買いたい！」という声が届いたなら、ほとんどの企業からは好意的な反応が得られるはず。仮にすぐに日本から購入できる体制になっていないことがわかっただけだとしても、日本でも需要があるということが相手に伝われば日本市場への進出が検討される可能性は高まるのである。本書で「ほしい！　買いたい！」と思えるモノに出会っていただけたならば、ぜひとも積極的に購入を試みていただきたい。

　また、日本にあるウクライナ・ショップもその一部を紹介しておこう。まず押さえておきたいのが本郷三丁目に実店舗も構える「雑貨屋 Mitte」（公式サイト：https://wondermall.square.site/、Instagram：https://www.instagram.com/zakkamitte）。ウクライナのジャムやハチミツ、ボルシチのもと、黒パン、（筆者イチ押しの）野菜のイクラ、といった食品やペトリキウカ塗りの小箱、ポーランドの陶器などの雑貨、そしてウクライナ関連書籍も取り扱っている、非常に精力的な活動を進めるお店だ。スーミ市在住の日本人のお店 SACHIALE Design（https://sachiale-design.stores.jp/）は Mitte とも提携しており、工芸品やレトロ雑貨、ウクライナ人イラストレーターのポストカードなど、現地のカワイイ商品を届けてくれる。「ウクライナ雑貨店　VINOK」（https://www.vinokstore.jp/）は民芸品などのハンドメイド商品を中心に取り扱っており、もともとは現地で買付を行っていたようだが、現在もクリエイターらと連絡を取り合って仕入れを続けているという。ウクラ

イナからの避難民であるウリアナ氏が運営する「ウクライナショップ」（https://ukrshop.stores.jp/）ではヴィシヴァンカやブレスレット、ステンドグラスの飾り、ポストカードなどが購入でき、手作り品はすぐに発送、衣類はウクライナからの発送とのことである。ウクライナのデザイナーらと専属契約を結んでいる「UA.Designer」（https://ukraine.handcrafted.jp/）もまた、ヴィシヴァンカや刺繍入りのジャケット、刺繍入りの小物などを中心に、伝統工芸品の販売を行っている。「ウクライナのお店　NATALYA」（https://natalyaukra.base.shop/）は避難民の自立支援の場として立ち上げられ、当初は期間限定でレストランを出店し、現在はネットショップとして活動している。パンやクッキーなどのお菓子類が中心で、月に何度か首都圏周辺の各所で出店しているようだ。ワインをお求めならば「Vino Pioner」（https://shop.vinopioner.co.jp/）を活用いただきたい。本文中でも紹介している Chizay Troyanda Karpat や Artania、Traminer Orange をはじめ、様々なウクライナ・ワインの購入が可能だ。

　なお、ウクライナでのオンラインショッピングサイトとして利用数が圧倒的に多いのが ROZETKA（https://rozetka.com.ua/ua/）だ。対応言語はウクライナ語とロシア語だけだが、Amazon のように PC・スマートフォンから家電、工具、スポーツ用品、衣類、食品まであらゆるカテゴリーの製品が掲載されている。限定商品もあるので、ロシア語やウクライナ語に自信のある方は覗いてみると物価の程度もよくわかって面白いだろう。ただし、残念ながら発送先はウクライナ国内のみとなっている。

ROZETKA のトップページ

　このほか、Amazon や楽天、ヨドバシドットコムなどでもウクライナ製品が出品されていたりするので、見つけたらぜひとも購入を検討いただきたい。

Amazon で売られているウクライナ産ハチミツ

参考文献

- 平野高志『ウクライナ・ファンブック　ニッチジャーニー Vol.1　東スラヴの源泉・中東欧の穴場国』、パブリブ、2020 年、224p.
- ЗРОБЛЕНО В УКРАЇНІ < https://madeinukraine.gov.ua/> (accessed 5 March, 2025)
- Середні споживчі ціни на товари (послуги) у 2025 році. *Державна служба статистики України* <https://www.ukrstat.gov.ua/operativ/operativ2023/ct/sctp/sctp_25ue.xlsx> (accessed 5 March, 2025)
- Індекси споживчих цін у 1992-2024 роках (до грудня попереднього року). *Державна служба статистики України* <https://www.ukrstat.gov.ua/operativ/operativ2020/ct/isc_rik/isc1992-2020gr_pr.xls> (accessed 5 March, 2025)
- 「政府統計の総合窓口 (e-Stat)」、小売物価統計調査 — 小売物価統計調査（動向編）<https://www.e-stat.go.jp/stat-search/files?page=1&layout=datalist&toukei=00200571&tstat=000000680001&cycle=1&year=20250&month=11010301&stat_infid=000040249621&result_back=1&tclass1val=0> (accessed 5 March, 2025)
- *Зализняк А. А.* Об истории русского языка. *Элементы.* Школа «Муми-тролль». 28 July, 2012 <https://web.archive.org/web/20200418153113/https://elementy.ru/nauchno-populyarnaya_biblioteka/431649/Ob_istorii_russkogo_yazyka> (accessed 5 March, 2025)
- *Шевельов Ю.* Історична фонологія української мови. Харків, 2002
- 「ウクライナ　概況・基本統計」、JETRO、2024 年 9 月 11 日 <https://www.jetro.go.jp/world/europe/ua/basic_01.html> (accessed 5 March, 2025)
- 「国別品別表」、財務省貿易統計　<https://www.customs.go.jp/toukei/srch/index.htm?M=03&P=0> (accessed 5 March, 2025)
- Раціон захисника: як організовано харчування у Збройних силах України. *Міністерство оборони України.* 1 January, 2025 <https://mod.gov.ua/news/raczion-zahisnika-yak-organizovano-harchuvannya-u-zbrojnih-silah-ukrayini> (accessed 5 March, 2025)
- ПОВСЯКДЕННИЙ НАБІР СУХИХ ПРОДУКТІВ – ПНСП – Р ТЕХНІЧНА СПЕЦИФІКАЦІЯ МІНІСТЕРСТВА ОБОРОНИУКРАЇНИ ТС A01XJ.68999-160:2020 (01). *Міністерство оборони України.* 5 October, 2020 <https://www.mil.gov.ua/content/ddz/TY_2020/TC_normy_10_prym_2.pdf&usg=AOvVaw0YOFIu3AmYit-FlMZzhuK8&opi=89978449> (accessed 5 March, 2025)
- Раціони наборів до ТУ У 10.8-00034022-153:2016 ДОБОВИЙ ПОЛЬОВИЙ НАБІР ПРОДУКТІВ Технічні умови. *Міністерство оборони України.* 7 Feb, 2017 <https://www.mil.gov.ua/content/tenders/new_nabor_.pdf&usg=AOvVaw3RkaelIiKgeUjUe-kjU7nW&opi=89978449> (accessed 5 March, 2025)

あとがき

　本書を手にとっていただき、本当にありがとうございました。さて、皆さんがビビッとくる製品やブランドは見つかったでしょうか？　現時点での筆者の趣味嗜好や知識の限界もあり、本書で取り上げたのは数あるウクライナ製品のごくごく一部です。それでも思っていたよりたくさんのメイド・イン・ウクライナがあることをお分かりいただけたのではないでしょうか。また、自分の好みのウクライナ製品が本書に載っていなかった方にも新たな発見があったならば嬉しく思います。

　これを書いている 2025 年 3 月中旬、トランプ大統領を筆頭とする米政権の動きによって、長期にわたるロシアのウクライナ侵略をめぐる状況は（その是非は別として）大きく動こうとしています。情勢が月単位どころか日単位で転々としていく中で、本書が世に出る頃にはこれまで予想もされていなかった展開が繰り広げられているかもしれません。

　日本にもおよそ 2000 名のウクライナ避難民が居住しています。日本財団、日本ウクライナ友好協会 KRAIANY（https://www.kraiany.org/ja/）やウクライナ支援ネットワーク「桜と向日葵」（http://www.eesa.or.jp/）をはじめとする多数の団体や民間企業がこれらの避難民の生活支援、特に最近では日本での就労に向けた支援を行っています。終戦後に祖国に戻るかどうかは個人の将来設計によるでしょうが、いずれにしても彼ら・彼女らは日本とウクライナを繋ぐ貴重な人材となるはずです。将来的には日本人がウクライナ人と直接関わる機会もさらに増えるのではないでしょうか。

　若干不謹慎な言い方にはなりますが、2022 年 2 月 24 日に始まるロシアの全面侵攻を契機にウクライナのことを知り、共感し、愛する日本人も明らかに増えています。それだけでなく、これまで「ウクライナ」という国名をせいぜい聞いたことがあるかどうかだった多くの人が、国際情勢により関心を向け、また一部の、しかしかなりの数の日本人にとって心理的なタブーでもあった国防や安全保障というテーマについても真剣に考えることができるようになったと思います。

　不当な侵略を受けているウクライナ。しかしここで敢えて申し上げますが、ウクライナもまっさらな純白の聖人君子の国ではもちろんありません。日本がそうであるように、国内外に様々な懸念や問題を抱えており、多様な意見が交わされています。ある出来事について意見を持つために、その前提としてまず必要なのがより深く「知る」ことではないでしょうか。今やウクライナを「知る」ための媒体や情報は以前よりもかなり豊富になってきています。また文化交流の面では「日本ウクライナ文化交流協会」(https://nichiu.org/japan/index.html)、学術的な面では「ウクライナ研究会」(http://ukuken.web.fc2.com/）などがロシアの侵略前から長年活動していますし、つい最近では「ウクライナ文化センター UKRAINE HOUSE JAPAN」（https://www.ukrainehouse.jp/ja）が駐日ウクライナ大使館の支援の下で発足しました。こうした団体やイベントを通じてウクライナを「知る」こともできるでしょう。

　私は日本人の中ではウクライナに詳しい部類かもしれませんが、知識も経験も諸先輩方には到底敵いませんし、まだまだ知らないウクライナの一面が無数にあります。その意味でこの『ウクライナ製品完全ガイド』の執筆は私にとっても新たなウクライナを知る貴重な機会となりました。この本が、日本人がウクライナを「知る」何らかのきっかけとなってくれることを心より願います。

　何よりもまずこの企画をご提案頂いたパブリブの濱崎誉史朗さん、濱崎さんに私をご紹介くださったウクルインフォルムの平野高志さん、またここではお名前を挙げきれませんが、執筆・出版にあたり助言やご支援、応援を頂いた先生方、友人・知人たち、職場の皆様、企画に賛同し写真掲載を快諾頂いたウクライナ企業の皆様、そして初めての試みに臨む自分を支えてくれた妻と子どもたちに最後に大きな感謝を申し上げます。

田中祐真　Tanaka Yuma

1991年岐阜県生まれ。東京外国語大学外国語学部ロシア・東欧課程卒、東京大学大学院人文社会系研究科欧米系文化研究専攻修士課程修了。これまでに日本大使館専門調査員（カザフスタン、ウクライナ）、国際協力機構（JICA）専門嘱託、東京大学先端科学技術研究センター特任研究員として勤務。専門はスラヴ語学、ウクライナや中央アジアなど旧ソ連諸国地域研究。

kislyisok1012@gmail.com

ウクライナ応援団 Vol.1

ウクライナ製品完全ガイド

善意から物欲へ

2025年5月1日　初版第1刷発行
著者：田中祐真
装幀 & デザイン：合同会社パブリブ
発行人：濱崎誉史朗
発行所：合同会社パブリブ
〒103-0004
東京都中央区東日本橋2丁目28番4号
日本橋CETビル2階
03-6383-1810
office@publibjp.com
印刷 & 製本：シナノ印刷株式会社